人工智能技术及应用

主　编　王金平　尚东方　郑泳洋

副主编　张秀君　肖琴琴

参　编　吴桐舒　王庄敏

西安电子科技大学出版社

内 容 简 介

　　本书主要介绍了人工智能平台搭建、基于人工智能的机器系统应用、基于人工智能的机器人场景应用、基于人工智能的语音控制应用和基于人工智能的机器视觉应用五个项目。本书内容紧跟新一代信息技术和人工智能主流技术的发展，以培养学生的人工智能技术应用能力为目标；以项目、任务为导向，将相关知识的讲解贯穿在任务的实施过程中，强调职业教育教学思想和岗位需求相结合的原则；通过具体的实施步骤完成预定的工作任务，使学生掌握人工智能在机器人操控、视觉语音识别方面的具体应用。

　　本书可作为高职院校或技工院校电子信息类专业的教材，也可作为电子信息行业社会人员培训教材。

图书在版编目(CIP)数据

人工智能技术及应用 / 王金平，尚东方，郑泳洋主编. --西安：西安电子科技大学出版社，2024.3
ISBN 978 - 7 - 5606 - 7152 - 9

Ⅰ. ①人…　　Ⅱ. ①王…　②尚…　③郑…　　Ⅲ. ①人工智能　　Ⅳ. ①TP18

中国国家版本馆 CIP 数据核字(2023)第 242264 号

策　　划　周　立
责任编辑　周　立
出版发行　西安电子科技大学出版社（西安市太白南路 2 号）
电　　话　(029)88202421　88201467　邮　　编　710071
网　　址　www.xduph.com　　　　电子邮箱　xdupfxb001@163.com
经　　销　新华书店
印刷单位　陕西天意印务有限责任公司
版　　次　2024 年 3 月第 1 版　　2024 年 3 月第 1 次印刷
开　　本　787 毫米×1092 毫米　1/16　印张　8
字　　数　181 千字
定　　价　38.00 元
ISBN 978 - 7 - 5606 - 7152 - 9 / TP
XDUP 7454001-1

＊＊＊ 如有印装问题可调换 ＊＊＊

前　言

随着新一代信息技术的快速发展，人工智能已经成为推动科学技术突破的强大引擎，催生了一系列颠覆性技术。这些技术不仅改变了我们的工作方式和生活方式，还成为推动经济发展的新动能，塑造了全新的产业体系。因此，新时代的大学生需要掌握人工智能知识，以便能够灵活运用这些技术来分析和解决实际问题。

本书内容紧跟新一代信息技术和人工智能主流技术的发展，以培养学生的人工智能技术能力为目标，本书由具有丰富教学经验的专业教师和具有人工智能产业工程实践经验的相关企业专业技术人员共同编写。本书内容设计考虑了不同读者的需求，由浅入深地讲述了人工智能平台搭建、基于人工智能的机器系统应用、基于人工智能的机器人场景应用、基于人工智能的语音控制应用和基于人工智能的机器视觉应用等内容，由基础理论知识出发，通过实例深入到产业实际应用。书中的大部分项目都采用了精选的产业实例进行讲解，实例资料详尽，不仅包含了软硬件配置清单、接线图和程序等技术细节，而且每个程序都经过验证，确保其正确性和可行性。这种实例驱动的学习方法，使读者通过亲自动手完成这些实例项目，更好地理解和应用所学知识，能够在实际工作中更自信地应用人工智能技术。这不仅有助于增强读者学习的实践体验感，还为读者提供了宝贵的实际经验。

本书由王金平、尚东方、郑泳洋担任主编，张秀君、肖琴琴担任副主编，吴桐舒、王庄敏参与了内容的梳理和校正。其中项目一、项目二由王金平编写，项目三、项目四由尚东方编写，项目五由郑泳洋编写。深圳市越疆科技有限公司提供了大量企业案例作为支撑，刘南、曾琴等企业专家参与了本书的审核工作，在此表示感谢。

由于编者水平有限，书中错误和不足之处敬请读者批评指正。

编者

2023 年 7 月

目　录

项目一 人工智能平台搭建

本项目介绍了 DobotStudio 软件的安装及 Dobot 机器人组装，通过本项目的案例学习可了解 Dobot 机器人基本操作及软件使用。

 **案例分享**

某制造公司希望通过引入人工智能技术来提升生产线的效率和灵活性。该制造公司选择了 Dobot 机器人套件作为基础平台，并利用 DobotStudio 软件进行开发和控制。该制造公司的生产线上有多个工序需要人工操作，包括装配、检测、搬运等，为了提高生产效率和减少人为错误，决定引入人工智能技术，利用 Dobot 机器人套件搭建一条智能化的生产线。

任务一　人工智能平台机器人装配

人工智能平台
机器人装配

一、任务描述

某制造公司新采购了一批人工智能套件，如图 1-1 所示，作为工程师的你需要安装及调试这批设备，并对客户进行现场培训，完成 Dobot 机器人套件的组装。

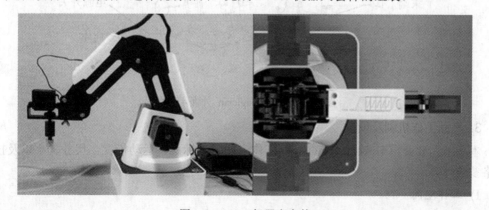

图 1-1　Dobot 机器人套件

二、任务目标

知识目标：
(1) 掌握人工智能套件的基本参数。
(2) 掌握机器人各轴的参数。
(3) 理解人工智能的发展趋势。
技能目标：
(1) 会分析人工智能套件各单元构成。
(2) 会正确连接人工智能平台硬件。
职业素养目标：
(1) 遵守系统调试的标准规范。
(2) 培养团队团结协作精神。

三、知识链接【学】产品相关概念

(一) 产品简介

1. 概述

Dobot Magician 机械臂是一款桌面级智能机械臂，不仅具有示教再现、脚本控制、Blockly 图形化编程、写字&画画、激光雕刻、3D 打印、视觉识别等功能，还具有丰富的 I/O 扩展接口，提供用户二次开发使用。

2. 产品外观及构成

Dobot Magician 由底座、大臂、小臂、末端工具等组成，外观如图 1-2 所示。

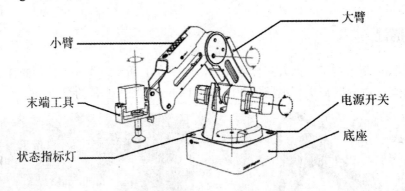

图 1-2 Dobot Magician 外观示意图

3. 产品工作机制及设置

本小节主要介绍 Dobot Magician 的工作空间、坐标系、运动模式、尺寸大小以及技术规格参数等。

1) 工作空间

Dobot Magician 的工作空间如图 1-3 和图 1-4 所示。

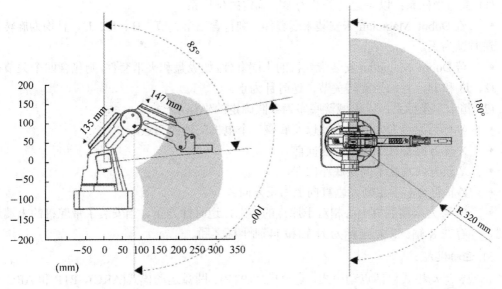

图 1-3　Dobot Magician 工作空间(1)　　　　图 1-4　Dobot Magician 工作空间(2)

2) 坐标系

Dobot Magician 的坐标系可分为关节坐标系和笛卡尔坐标系,分别如图 1-5 和图 1-6 所示。

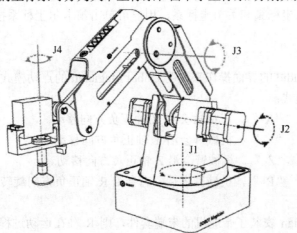

图 1-5　关节坐标系

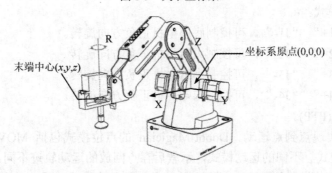

图 1-6　笛卡尔坐标系

(1) 关节坐标系：以各运动关节为参照确定的坐标系。

• 若 Dobot Magician 未安装末端套件，则包含三个关节：J1、J2、J3，且均为旋转关节，逆时针为正。

• 若 Dobot Magician 安装带舵机的末端套件，如吸盘和夹爪套件，则包含四个关节：J1、J2、J3 和 J4，且均为旋转关节，逆时针为正。

(2) 笛卡尔坐标系：以机械臂底座为参照确定的坐标系。

• 坐标系原点为大臂、小臂以及底座三个电机三轴的交点。

• X 轴方向垂直于固定底座向前。

• Y 轴方向垂直于固定底座向左。

• Z 轴符合右手定则，垂直向上为正方向。

• R 轴为末端舵机中心相对于原点的姿态，逆时针为正。当安装了带舵机的末端套件时，才存在 R 轴。R 轴坐标为 J1 轴和 J4 轴坐标之和。

3) 运动模式

机械臂运动模式包括点动模式、点位模式(PTP)、圆弧运动模式(ARC)，PTP 和 ARC 可总称为存点再现运动模式。

(1) 点动模式。

点动模式即示教时移动机械臂的坐标系，使机械臂移动至某一点。Dobot Magician 的坐标系可分为笛卡尔坐标系和关节坐标系，用户可单击笛卡尔坐标系按钮或关节坐标系按钮移动机械臂。

📖 说明

本节以 DobotStudio 的界面操作来说明 Dobot Magician 的点动模式。

笛卡尔坐标系模式：

• 单击"X+""X-"，机械臂会沿 X 轴正负方向移动。

• 单击"Y+""Y-"，机械臂会沿 Y 轴正负方向移动。

• 单击"Z+""Z-"，机械臂会沿 Z 轴正负方向移动。

• 单击"R+""R-"，机械臂末端姿态会沿 R 轴正负方向旋转。

⚠ 注意

若 Dobot Magician 安装了带舵机的末端套件，则 R 轴在运动过程中会和 Y 轴一起同动，以保证末端相对于坐标原点的姿态不变。

关节坐标系模式：

• 单击"J1+""J1-"，可控制底座电机正负方向旋转。

• 单击"J2+""J2-"，可控制大臂电机正负方向旋转。

• 单击"J3+""J3-"，可控制小臂电机正负方向旋转。

• 单击"J4+""J4-"，可控制末端舵机正负方向旋转。

(2) 点位模式(PTP)。

点位模式即实现点到点运动，Dobot Magician 的点位模式包括 MOVJ、MOVL 以及 JUMP 三种运动模式。不同的运动模式，示教后存点回放的运动轨迹不同。

• MOVJ：关节运动，由 A 点运动到 B 点，各个关节从 A 点对应的关节角运行至 B

点对应的关节角。关节运动过程中，各个关节轴的运行时间须一致，且同时到达终点，如图 1-7 所示。

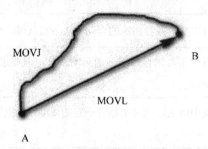

图 1-7　MOVJ 和 MOVL 运动模式

- MOVL：直线运动，A 点到 B 点的路径为直线，如图 1-7 所示。
- JUMP：门型轨迹，A 点到 B 点以 MOVL 运动模式移动，如图 1-8 所示。图中，A 点以 MOVL 运动模式上升到一定高度(Height)，然后以 MOVL 运动模式平移到 B 点上方的高度处，再以 MOVL 运动模式下降到 B 点所在位置。

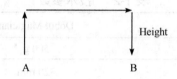

图 1-8　JUMP 运动模式

(3) 圆弧运动模式(ARC)。

圆弧运动模式即示教后存点回放的运动轨迹为圆弧。圆弧轨迹是空间的圆弧，由当前点、圆弧上任一点和圆弧结束点三点共同确定。圆弧总是从起点经过圆弧上任一点再到结束点，如图 1-9 所示。

⚠ **注意**

使用圆弧运动模式时，需结合其他运动模式以确认圆弧上的三点，且三点不能在同一条直线上。

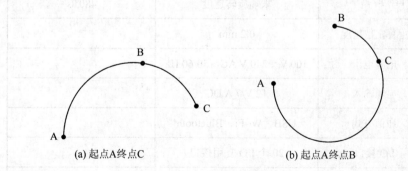

(a) 起点A终点C　　　　　　　　　(b) 起点A终点B

图 1-9　圆弧运动模式

(4) 应用场景。

机械臂存点回放时，采用不同的运动模式，机械臂运动轨迹不同，其应用场景也不同，如表 1-1 所示。

表 1-1　应用场景

运动模式	应 用 场 景
MOVL	当应用场景中要求存点回放的运动轨迹为直线时，可采用 MOVL 运动模式
MOVJ	当应用场景中不要求存点回放的运动轨迹，但要求运动速度快的情况下，可采用 MOVJ 运动模式
JUMP	当应用场景中两点运动时需抬升一定的高度，如抓取、吸取等场景，可采用 JUMP 运动模式
ARC	当应用场景中要求存点回放的运动轨迹为圆弧时，如点胶等场景，可采用 ARC 运动模式

4) 技术规格

(a) 技术参数。Dobot Magician 的技术参数，如表 1-2 所示。

表 1-2　技术参数

名称	Dobot Magician	
最大负载	500 g	
最大伸展距离	320 mm	
运动范围	底座	−90°～+90°
	大臂	0°～+85°
	小臂	−10°～+90°
	末端旋转	−90°～+90°
最大运动速度 (250g 负载)	大小臂、底座旋转速度	320°/s
	末端旋转速度	480°/s
重复定位精度	0.2 mm	
电源电压	100 V～240 V AC，50/60 Hz	
电源输入	12 V/7 A DC	
通信方式	USB、Wi-Fi、Bluetooth	
I/O 接口	20 个 I/O 复用接口	
控制软件	DobotStudio	
工作环境	−10 ℃～+60 ℃	

(b) 尺寸参数。

Dobot Magician 的尺寸参数如图 1-10 所示，其末端安装孔尺寸参数如图 1-11 所示。

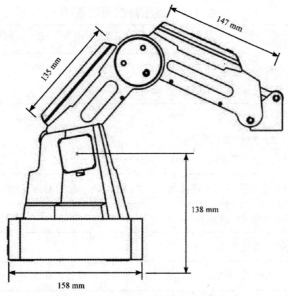

图 1-10　Dobot Magician 尺寸参数

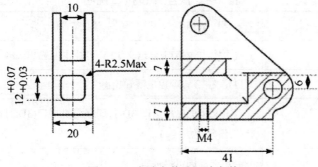

图 1-11　末端安装孔尺寸参数

(二) 接口说明

1. 接口板

Dobot Magician 接口位于底座背部和小臂背部上,底座背部接口示意图如图 1-12 所示,其功能说明如表 1-3 所示。

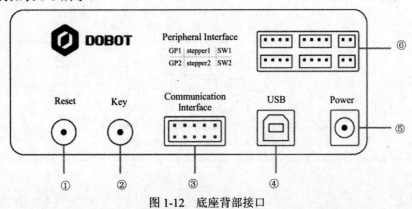

图 1-12　底座背部接口

表 1-3   底座背部接口说明

序号	说　明
①	复位按键，复位 MCU 程序，此时底座指示灯变为黄色。约 5 秒后，复位成功，底座指示灯变为绿色
②	功能按键 • 短按一下：执行脱机程序 • 长按 2 s 以上：启动回零操作
③	UART 接口/通信接口，可连接蓝牙、Wi-Fi 模块，采用 Dobot 协议
④	USB 接口，连接 PC 进行通信
⑤	电源，连接电源适配器
⑥	外设接口，可连接气泵、挤出机、传感器等外部设备，详细说明请参见表 1-4

底部外设接口说明如表 1-4 所示。

表 1-4   底座外设接口说明

接　口	说　明
SW1	气泵盒电源接口/自定义 12 V 可控电源输出
SW2	自定义 12 V 可控电源输出
Stepper1	自定义步进电机接口/3D 打印挤出机接口(3D 打印模式)/传送带电机接口/滑轨电机接口
Stepper2	自定义步进电机接口
GP1	气泵盒控制信号接口/光电传感器接口/颜色传感器接口/自定义通用接口
GP2	自定义通用接口/颜色传感器接口/滑轨回零开关接口

小臂外设接口示意图如图 1-13 所示，其功能说明如表 1-5 所示。

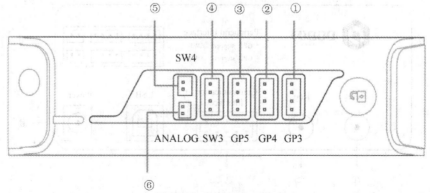

图 1-13   小臂外设接口

表 1-5　小臂外设接口说明

序号	说　　明
1	GP3，R 轴舵机接口/自定义通用接口
2	GP4，自动调平接口/光电传感器接口/颜色传感器接口/自定义通用接口
3	GP5，激光雕刻信号接口/光电传感器接口/颜色传感器接口/自定义通用接口
4	SW3，3D 打印加热端子接口(3D 打印模式)/自定义 12 V 可控电源输出
5	SW4，3D 打印加热风扇(3D 打印模式)/激光雕刻电源接口/自定义 12 V 可控电源输出
6	ANALOG，3D 打印热敏电阻接口(3D 打印模式)

2. 指示灯

Dobot Magician 的指示灯位于底座，状态说明如表 1-6 所示。

表 1-6　指示灯说明

状态	说　　明
绿色常亮	机械臂正常工作
黄色常亮	机械臂处于启动状态
蓝色常亮	机械臂处于脱机状态
蓝色闪烁	机械臂正在执行回零操作或正在进行自动调平
红色常亮	机械臂处于限位状态、报警未清除或 3D 打印套件连接错误

3. I/O 复用说明

Dobot Magician 接口的 I/O 采用统一编址的方式，且大部分引脚具有复用功能。用户可通过 I/O 接口实现高低电平输出、电平输入读取等功能，以控制机械臂的外围设备。

1) 底座接口 I/O 复用说明

(1) UART 接口 I/O 复用说明。

UART 接口如图 1-14 所示，其 I/O 复用说明如表 1-7 所示。

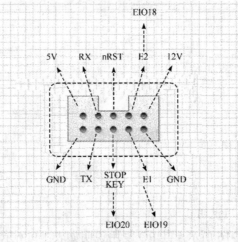

图 1-14　UART 接口

表 1-7   UART 接口 I/O 复用说明

I/O 编址	电压	电平输出	PWM	电平输入	ADC
18	3.3 V	√	-	-	-
19	3.3 V	-	-	√	-
20	3.3 V	-	-	√	-

(2) 外设接口 I/O 复用说明。

底座外设接口如图 1-15 所示，其 I/O 复用说明如表 1-8 所示。

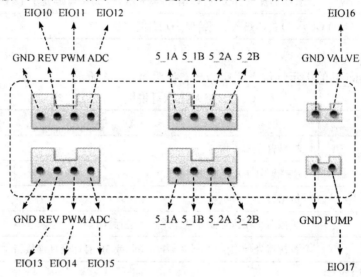

图 1-15   底座外设接口

表 1-8   底座外设接口 I/O 复用说明

I/O 编址	电压	电平输出	PWM	电平输入	ADC
10	5 V	√	-	-	-
11	3.3 V	√	√	-	-
12	3.3 V	-	-	√	-
13	5 V	√	-	-	-
14	3.3 V	√	√	√	-
15	3.3 V	√	-	√	√
16	12 V	√	-	-	-
17	12 V	√	-	-	-

2) 小臂 I/O 接口复用说明

小臂外设接口如图 1-16 所示，其 I/O 复用说明如表 1-9 所示。

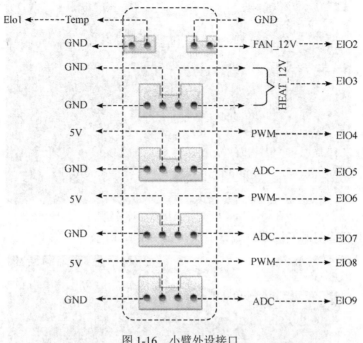

图 1-16　小臂外设接口

表 1-9　小臂外设接口 I/O 复用说明

I/O 编址	电压	电平输出	PWM	电平输入	ADC
1	3.3 V	√	-	√	√
2	12 V	√	-	-	-
3	12 V	√	-	-	-
4	3.3 V	√	√	-	-
5	3.3 V	-	-	√	-
6	3.3 V	√	√	-	-
7	3.3 V	-	-	√	-
8	3.3 V	√	√	-	-
9	3.3 V	√	-	√	√

四、任务实施【做】

(一) 硬件连接

(1) 首先准备好电源适配器及 USB 线缆，用 USB 线缆连接机械臂和计算机，如图 1-17 所示。

图 1-17　连接机械臂和计算机

(2) 使用电源适配器连接到机械臂电源，如图 1-18 所示。

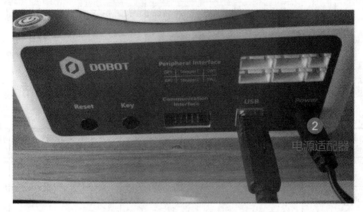

图 1-18　连接电源

(二) 安装吸盘套件

(1) Dobot Magician 末端默认安装为吸盘，同时需安装气泵盒以配套使用，吸盘套件如图 1-19 所示。

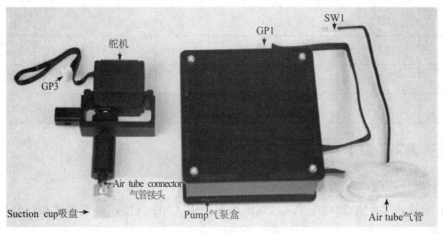

图 1-19　吸盘套件

(2) 将气泵盒的电源线 SW1 插入机械臂底座背面的"SW1"接口，信号线 GP1 插入
"GP1"接口，如图 1-20 所示。

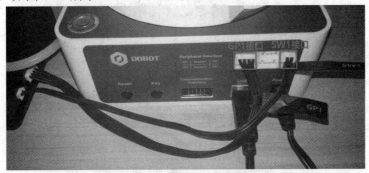

图 1-20　连接 GP1 和 SW1 接口

(3) 将吸盘套件插入机械臂末端插口，然后将蝶形螺母拧紧，如图 1-21 所示。

图 1-21　安装吸盘套件

(4) 将气泵盒的气管连接在吸盘的气管接头上，如图 1-22 所示。

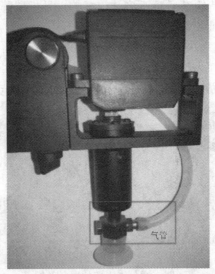

图 1-22　安装气管

(5) 将舵机连接线 GP3 插入小臂界面的"GP3"接口，如图 1-23 所示。

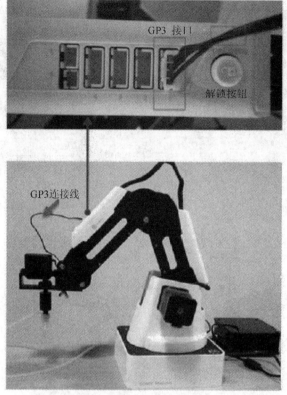

图 1-23　连接 GP3 接口

(三) 开机和关机

1. 开机

将 Dobot Magician 大小臂摆放至约 45°的位置，然后按下电源开关(如图 1-24 所示)，此时所有电机被锁定。等待约 7 秒后听到一声短响，且机械臂的右下方的状态指示灯由黄色变为绿色，说明正常开机。

⚠ **注意**

如果开机后状态指示灯为红色，说明机械臂处于限位状态，请按住机械臂上的圆形解锁按钮 ◯ (见图 1-23)不放，同时拖动机械臂至正常的工作范围内。

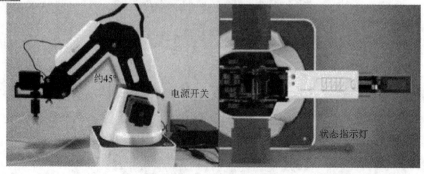

图 1-24　大小臂位置示意图

2. 关机

当机械臂的状态指示灯为绿色时，按下电源开关以关闭机械臂电源，此时小臂会缓慢向大臂靠拢，大小臂之间的夹角变小，直至移动到机械臂指定位置。

⚠ **注意**

关机时，注意安全，以防夹手。

五、技能考核【考】

安装完成人工智能套件硬件后，根据图 1-3 及图 1-4 机器人的工作空间，需结合用户需求和现场情况做出整体的技术方案，并制定机器人吸盘运动的范围。

任务二　人工智能平台机器人软件安装

一、任务描述

某制造公司新采购了一批人工智能套件，作为工程师的你需要安装及调试这批设备。任务一已完成 Dobot 套件的组装，本任务需要完成 Dobot 机器人软件的安装，并完成从 A 点搬运至 B 点以及从 B 点搬运至 A 点的工作。

二、任务目标

知识目标：

(1) 掌握人工智能套件的基本参数。

(2) 掌握机器人各轴的参数。

(3) 理解人工智能的发展趋势。

技能目标：

(1) 会分析人工智能套件各单元构成。

(2) 能正确安装人工智能平台软件。

(3) 能正确安装及调试人工智能平台套件。

职业素养目标：

(1) 培养学生自主学习和终身学习的意识。

(2) 尊重他人劳动成果，不窃取他人劳动成果。

三、任务实施【做】

(一) 安装 DobotStudio 软件

用户可通过 DobotStudio 软件控制机械臂，以实现示教再现、二次开发、3D 打印等操作，本章以示教再现为例。

1. 环境要求

DobotStudio 软件所支持的操作系统如下：

(1) Windows 7，Windows 8，Windows 10(本手册基于该操作系统进行描述)。

(2) macOS 10.10，macOS 10.11，macOS 10.12。

2. 获取 DobotStudio 软件包

使用 Dobot Magician 前，请下载基于 Windows 操作系统的 DobotStudio 软件包，其下载路径为 http://dobot.cn/service/download-center?keyword=&products%5B%5D=316。基于 macOS 系统的软件包也在该路径下获取。

3. 安装 DobotStudio 软件

(1) 解压已获取的 DobotStudio 软件包，假设 DobotStudio 软件包解压后存放的路径为 "E:\DobotStudio"，用户可根据实际情况进行替换。

(2) 在路径 "E:\DobotStudio" 处双击 "DobotStudioSetup.exe"，弹出 "Select Setup Lanuage" 界面，选择安装语言，比如选择 "Chinese"，如图 1-25 所示。

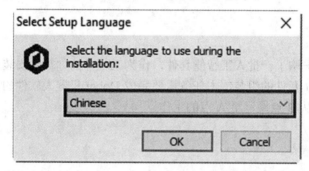

图 1-25　Select Setup Lanuage 对话框

(3) 单击 "OK" 按钮，按照界面提示进行操作。安装过程中会弹出安装驱动界面，如图 1-26 所示，需安装两个驱动。

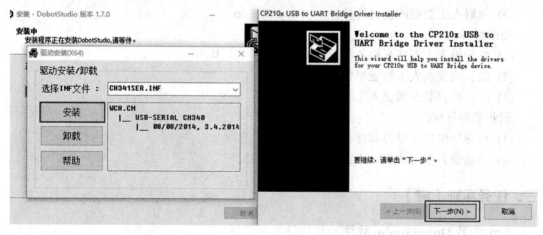

图 1-26　设备驱动程序安装向导界面

(4) 单击 "下一步" 按钮，安装第一个驱动，单击 "安装" 按钮，安装第二个驱动。驱动安装成功后会弹出如图 1-27 所示的界面，单击 "完成" 按钮。

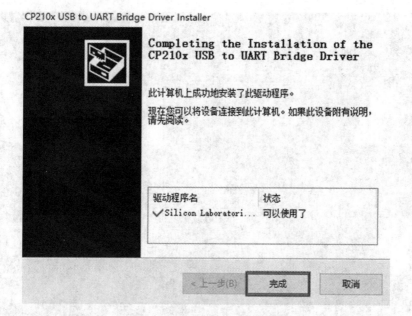

图 1-27　机械臂驱动安装完成界面

（5）按照"安装-DobotStudio"界面提示单击"下一步"按钮继续安装 DobotStudio 软件。安装成功后会弹出如图 1-28 所示的界面，单击"完成"按钮。

图 1-28　DobotStudio 安装完成界面

4. 验证 DobotStudio 软件

安装完成后双击桌面上的 DobotStudio 软件快捷方式，若能够打开 DobotStudio 软件，则说明 DobotStudio 安装成功。

（1）若机械臂驱动安装成功，则 DobotStudio 界面左上角会出现串口信息，如图 1-29 所示。

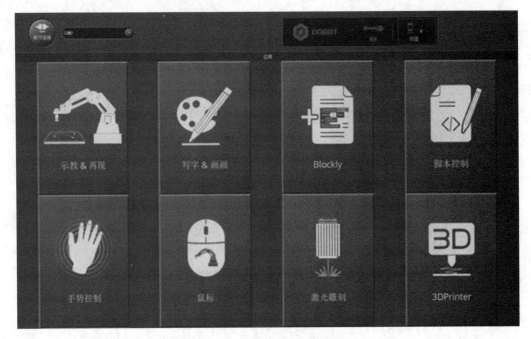

图 1-29　串口信息

(2) 若没有串口信息，则需要检查机械臂驱动是否安装成功，检查步骤如下：

① Dobot Magician 机械臂通过 USB 线缆连接计算机。

② 开启机械臂电源开关。

③ 打开"设备管理器"窗口。若在"端口(COM 和 LPT)"中可以找到"Silicon Labs CP210x USB to UART Bridge (COM6)"或"USB-SERIAL CH340(COM3)"，则说明驱动安装成功，如图 1-30 所示。

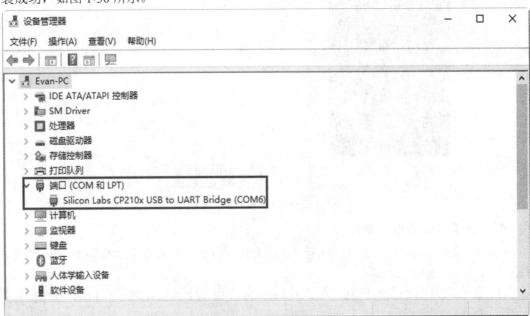

图 1-30　V2 机械臂串口信息

说明：

用户卸载驱动后需重新安装，可以在"安装目录\DobotStudio\attachment\Drive\ Hardware V1.0.0"下安装对应操作系统的驱动。比如为 Windows 10，64 位操作系统安装驱动，如图 1-31 所示。

图 1-31　安装 Windows 10，64 位的机械臂驱动

说明：

若 DobotStudio 硬件版本号为 0.0.0，则需要在"安装目录\DobotStudio\attachment\ Drive\HardwareV0.0.0"下安装相应操作系统的驱动。连接 DobotStudio 后可在 DobotStudio 界面单击 ❓ 查看硬件版本号。

(二) 开机和关机

开机和关机的具体步骤同任务一。

(三) 连接机械臂

(1) 在 Windows 桌面上双击 DobotStudio，弹出 DobotStudio 界面，并显示操作提示框，如图 1-32 所示。

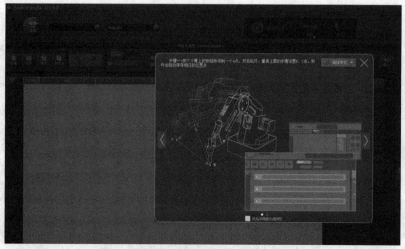

图 1-32　DobotStudio 界面和操作提示框

(2) 如图 1-33 所示，在 DobotStudio 界面的左上角单击"连接"，弹出"疑问"对话框，如图 1-34 所示。

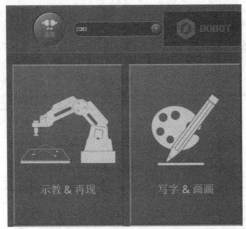

图 1-33　单击"连接"

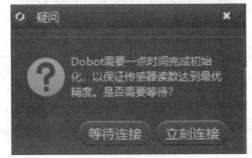

图 1-34　"疑问"对话框

(3) 单击"立刻连接"按钮。因为该要求仅做演示，对精度要求不高，所以单击"立刻连接"按钮即可。当"连接"变成"断开连接"时，表示连接成功，如图 1-35 所示。

📖 **说明**

若要使机械臂以高精度运行，则单击"等待连接"按钮，等待一段时间后机械臂自动连接。

图 1-35　DobotStudio 与机械臂连接成功

(四) 机器人物料设计及编程

机器人物料设计及编程的步骤如下：

(1) 在 DobotStudio 主页上单击"连接"→"示教&再现"，弹出 "示教&再现"界面，如图 1-36 所示。

图 1-36　"示教&再现"界面

① Easy 和 Pro 模式下可以切换 Easy/Pro。设置循环次数、速度和加速度百分比等，如图 1-37 和表 1-10 所示。

图 1-37　切换 Easy/Pro、设置循环次数、速度和加速度百分比

表 1-10　切换 Easy/Pro、设置循环次数、速度和加速度百分比

功能	说　　明
Easy/Pro	单击该滑块可在 Easy(普通)和 Pro(高级模式)之间切换，默认是 Easy 模式。Pro 模式除了具备 Easy 模式下的功能还包含脱机和 I/O 复用等功能
循环	设置存点回放的循环次数 默认值：1 取值范围：1～999999
速度	设置存点回放的速度百分比 默认值：50% 取值范围：0%～100%

续表

功能	说　明
加速度	设置存点回放的加速度百分比 默认值：50% 取值范围：0%～100%
退出	退出当前的示教再现功能模块，返回 DobotStudio 软件首页

② Easy 和 Pro 模式下可以对示教点进行存点，设置回放的运动模式，并设置每条存点运行后的暂停时间，如图 1-38 和表 1-11 所示。

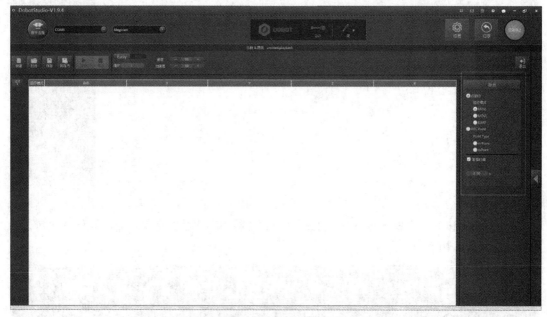

图 1-38　设置存点、运行模式和暂停时间

表 1-11　设置存点、运行模式和暂停时间

功能	说　明
存点	单击"存点"并在存点列表区域创建一条新的存点
运行模式	选择点到点(点位)模式和 ARC Point(圆弧)模式。其中，点到点模式下可以选择 MOVJ、MOVL 和 JUMP 运行模式，而 ARC Point 模式下需存中间点 cirPoint 和结束点 toPoint
暂停时间	设置执行完某个存点后的暂停时间

③ Easy 和 Pro 模式下可以对选中的存点进行设置，比如复制、粘贴、剪切、切换运行模式，修改名称和坐标值等，如图 1-39 和表 1-12 所示。

图 1-39　存点列表区域

表 1-12　存点列表区域

功能	说　　明
右键快捷菜单	右键单击某一个存点将弹出快捷菜单，可以对该存点进行复制、粘贴、剪切、插入和删除等操作，如图 1-39 所示
双击操作	双击某个存点列表中"运行模式"对应项目，可以将该存点切换为其他行模式。双击其他项目可以更改对应的值，比如双击"命名"项，可以更改该存点名称

④ 通过单击"Easy/Pro"按钮从当前的示教再现 Easy(普通)模式切换至 Pro(高级)模式，如图 1-40 所示。在高级模式下除了可以实现默认 Easy 模式下的功能，还可以执行单步运行、检查机械臂是否丢步、实现脱机运行和 I/O 复用功能，详细功能如表 1-13 所示。

(2) 在 DobotStudio 软件界面上选择末端套件为"吸盘"，如图 1-41 所示。

(3) 单击"示教&再现"。

(4) 进入"示教&再现"界面。

(5) 存起始点 A。

① 将一个小物体放在机械臂末端吸盘附近。

② 在"存点"区域设置运行模式为"MOVJ"。

③ 单击 ◀ 显示操作面板，如图 1-42 所示。

图 1-40　示教再现高级模式界面

表 1-13　示教再现高级模式功能

编号	说　　明
1	单步运行：单步运行存点列表中的存点。单击"单步运行"前，需先选中某一个存点
2	下载：将存点列表下载到机械臂中以实现脱机运行功能
3	Check Lost Step：丢步检测，默认阈值是"5"，最小阈值至少为"0.5"，可以在"设置"→"再现"→"LostStepParam"页面中设置阈值 当用户勾选了"Check Lost Step"时，则在机械臂运行过程中检测电机是否丢步。若不勾选，则不检测 当检测到丢步后，机械臂会停止运行，同时指示灯变成红色。此时需在 DobotStudio 界面单击"归零"，回零机械臂
4	I/O 复用：通过 I/O 接口控制机械臂，比如控制气泵开启或关闭

图 1-41 选择末端套件为"吸盘"

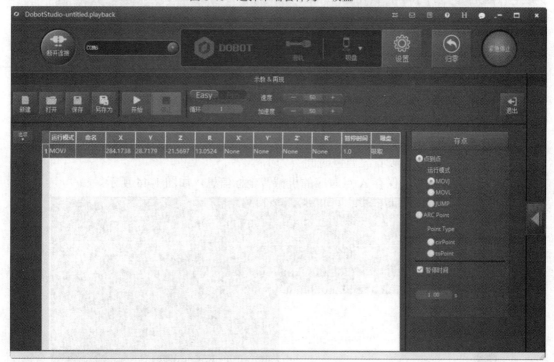

图 1-42 显示"操作面板"

④ 在操作面板界面上设置点动速度百分比为 50。

📖说明

如果要改变点动速度，可以选择"设置"→"点动"，在"点动设置"界面上设置关节或笛卡尔坐标系的速度和加速度，如图 1-43 所示。

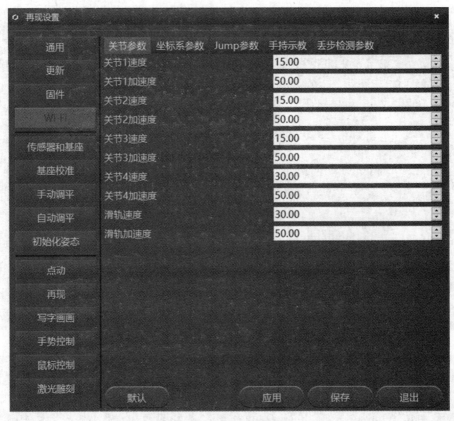

图 1-43　调整点动的速度

⑤ 点动笛卡尔或关节坐标系，将吸盘移动到小物体上方，直至挨着物体，此时吸盘的位置为 A 上。

⑥ 勾选"吸盘"并打开气泵，吸盘会吸住小物体。

⑦ 在"存点"区域设置"暂停时间"为 1 s。

⑧ 单击"存点"，保存 A 点对应的机械臂坐标信息，如图 1-44 所示。

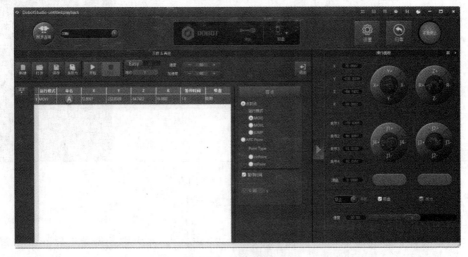

图 1-44　存起始点 A

(6) 存结束点 B。

① 在"存点"区域选择"JUMP"运行模式。

② 选择"设置"→"再现"→"Jump 参数"在"再现设置"界面中，设置抬升高度(Jump 高度)和最大抬升高度(Z 最大值)，如图 1-45 所示。

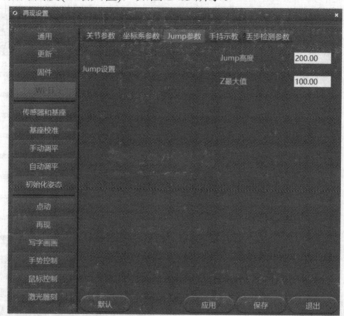

图 1-45　Jump 参数

③ 点动笛卡尔或关节坐标系，将小物体移动到想要的结束位置 B。

④ 取消勾选"吸盘"并关闭气泵，吸盘放开小物体。

⑤ 单击"存点"，保存结束点 B 对应的机械臂坐标信息，如图 1-46 所示。

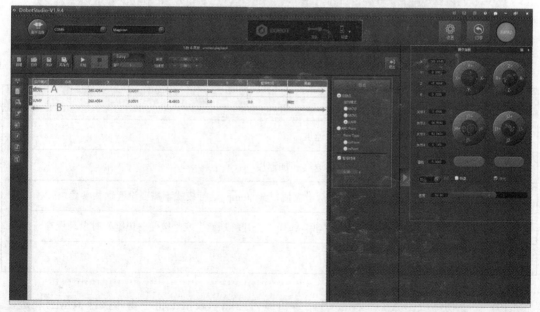

图 1-46　存结束点 B

（7）设置机械臂再现的"速度"和"加速度"百分比，比如都为50。

📖 **说明**

如果要改变再现速度和加速度，可以在"再现设置"界面中调整关节或笛卡尔坐标系的速度和加速度，如图1-47所示，详细说明如表1-14所示。

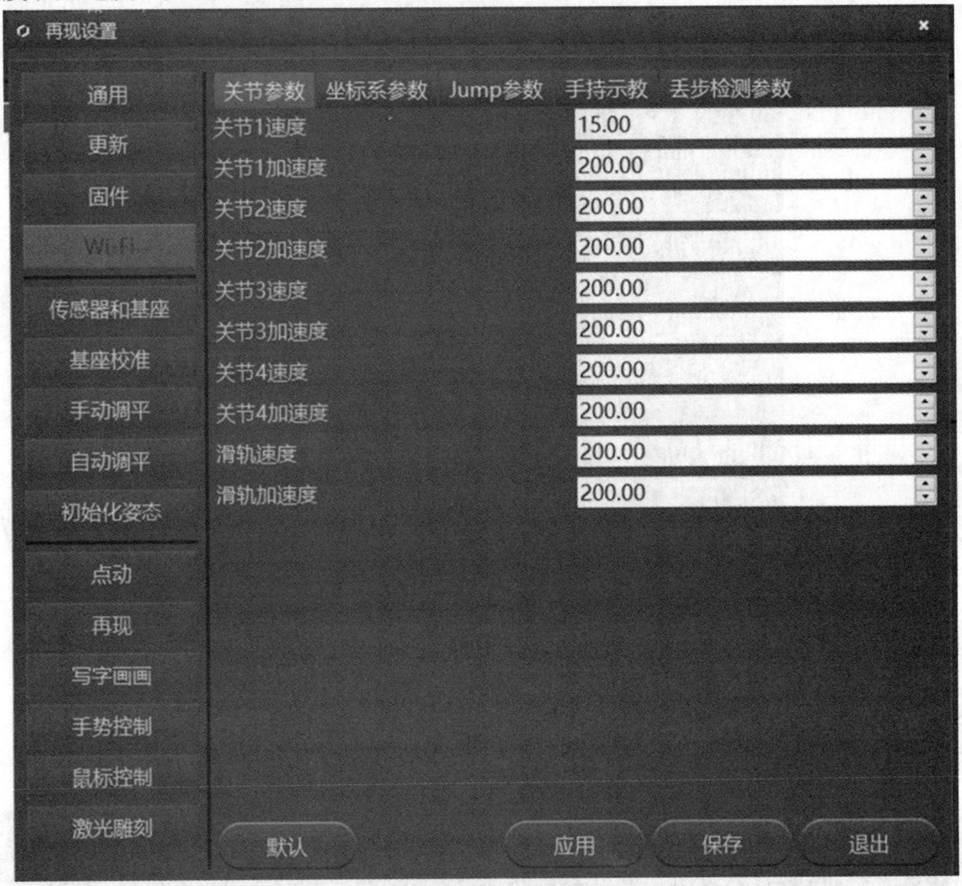

图1-47　调整再现的速度和加速度

表1-14　设置再现参数

功能	说　　明
关节参数	设置关节的速度和加速度
坐标系参数	设置笛卡尔坐标系的速度和加速度
Jump 参数	设置 Jump 高度和 Z 最大值，在 Jump 运行模式下需要设置这些参数
手持示教	启用/禁用手持示教功能，选择"松开解锁键"或"按住解锁键"时自动保存一个点
LostStepParam	设置丢步检测阈值

（8）设置循环次数为2。

（9）将小物体放回 A 点，单击"开始"，机械臂按照示教指令将小物体执行 JUMP 轨迹，即从 A 点移动到 B 点，如图1-48所示。

图 1-48　JUMP 运行模式下搬运小物体

四、技能考核【考】

　　熟悉人工智能套件后，需结合用户需求和现场情况做出整体的技术方案，以便建设单位、投标人、工程项目实施单位和监理单位对项目进行统一认识，用户通常邀请专业人员预先制订一套人工智能平台方案，实现物料从 A 点搬运到 B 点，再从 B 点搬运到 C 点，循环次数为 5 次。

项目二 基于人工智能的机器系统应用

 案例分享

一家创意工作室利用 Dobot 机器人的多功能性，开展描绘、激光雕刻和 3D 打印的创作。他们希望通过机器人的精准控制和高效操作，实现更加复杂和精细的艺术创作。

任务一 基于人工智能的机器人描绘
编程与调试

基于人工智能
机器人描绘
编程与调试

一、任务描述

你是一家创意工作室的培训师，客户最近购买了一套人工智能套件，其中包含一台智能机器人。你利用这个机器人来展示人工智能的潜力，并希望员工能够了解如何使用该套件进行编程和控制机器人执行特定任务。为了演示机器人的能力和培训员工，你决定设置一个任务：让机器人在 A4 纸中写出"中国"两字。

二、任务目标

知识目标：
(1) 掌握机器人各轴的运动范围。
(2) 掌握人工智能套件的基本参数。

技能目标：
(1) 能(会)正确使用 DobotStudio 软件。
(2) 能(会)正确连接设备。
(3) 能(会)正确示教机器人点位。

职业素养目标：
(1) 遵守系统调试的标准规范，养成严谨科学的工作态度。

(2) 养成安全用电意识。

(3) 养成团结协作的精神。

三、知识链接【学】任务相关概念

1. 机器人描绘流程

基于人工智能的机器人描绘流程如图 2-1 所示。

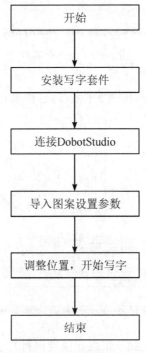

图 2-1　描绘流程

2. 使用 3D 打印的注意事项

(1) 开机前请将机械臂置于工作空间内，设置机械臂大小臂夹角约 45°。开机后如果指示灯为红色，说明机械臂处于限位状态，请确保机械臂在工作空间内。

(2) 关机时机械臂会自动缓慢收回大小臂到指定位置。请勿将手伸入机械臂运动范围，以防夹手！待指示灯完全熄灭后机械臂才能完全断电。

(3) 如果使用过程中机械臂坐标读数异常，请按底座背面的复位按键或在 DobotStudio 界面单击"归零"按钮。

四、任务实施【做】

(一) 安装写字套件

(1) 将笔安装在夹笔器中。

(2) 用夹具锁紧螺丝将写字套件的夹具锁紧在机械臂末端，如图 2-2 所示。

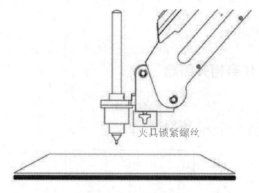

火具锁紧螺丝

图 2-2   安装写字套件

📖 **说明**

若要更换笔，则用 1.5 mm 内六角扳手拧松夹笔器上的四颗 M3 × 5 基米螺丝进行更换，如图 2-3 所示。

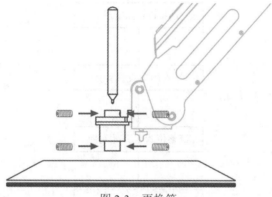

图 2-3   更换笔

(3) 在机械臂的工作范围内放置一张纸，以便进行写字操作。

(二) 连接 DobotStudio 软件

1. 打开 DobotStudio 软件，选择对应串口，并单击"连接"按钮。如果 Dobot Magician 的固件不是 Dobot 固件，比如当前是 3D 打印固件，还需执行以下操作：

(1) 连接 DobotStudio 时会弹出"工具选择"对话框，需在下拉框中选择"DobotStudio"重新烧录固件，如图 2-4 所示，并单击"确认"按钮。

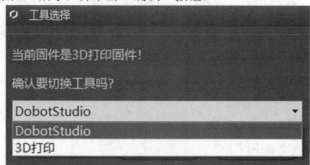

图 2-4   固件选择

(2) 单击 Question 界面的"确认"按钮，如图 2-5 所示弹出固件烧录的窗口。

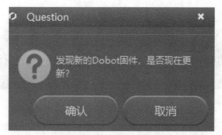

图 2-5 固件烧录确认

(3) 单击"确认"按钮,开始烧录固件,如图 2-6 所示。当烧录进度显示为 100%时,此时可听到 Dobot Magician 发出一声短响,说明烧录成功。机械臂底座右下方的灯由红色变成绿色,单击"完成"按钮,退出烧录界面。

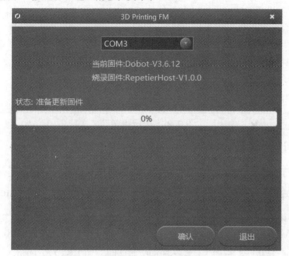

图 2-6 固件烧录

2. 在 DobotStudio 界面重新单击"连接"按钮,将 DobotStudio 软件连接到机械臂。

3. 单击"写字&画画"模块,如图 2-7 所示。

图 2-7 单击"写字&画画"模块

4. 在 DobotStudio 界面选择"笔"，如图 2-8 所示。

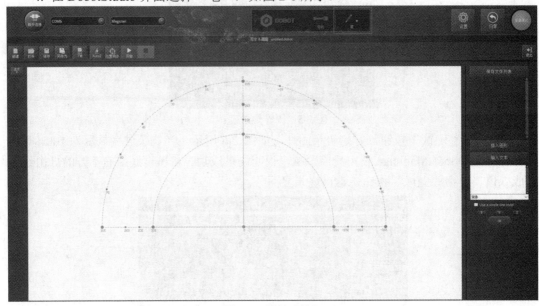

图 2-8　选择"笔"

(三) 导入图案和设置参数

"写字&画画"时需使用系统自带或自行制作的图形文件，仅支持 PLT 和 SVG 格式。系统自带的图形文件路径为"安装目录\DobotStudio\config\prefab\system\source"。

前提条件：

已制作 PLT 或 SVG 格式的文件。

1. 在 DobotStudio 界面单击"写字&画画"模块，如图 2-9 所示。

图 2-9　单击"写字&画画"模块

2. 导入图案，用户可通过如下几种方式获取图案。

⚠ **注意**

导入的图案需置于主界面的环形区域内，超出范围会导致机械臂限位而无法正常"写字"，如图 2-10 所示。如果导入的图案范围超出主图中箭头区域时则提示报错，如图 2-11 所示。

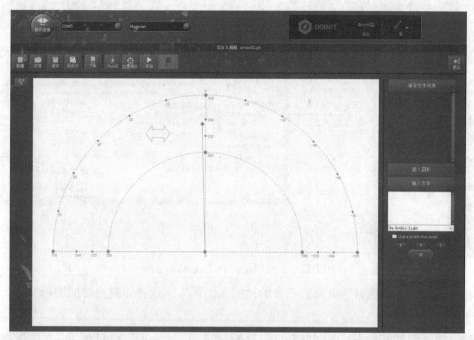

图 2-10　PLT 或 SVG 文件在环形区域内

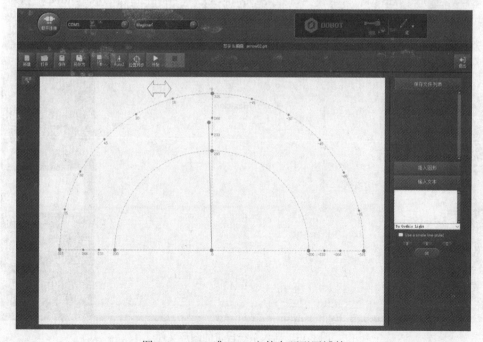

图 2-11　PLT 或 SVG 文件在环形区域外

3. 在"写字&画画"页面单击"打开"按钮，在系统自带的文件路径"安装目录\DobotStudio\config\prefab\system\source"导入 PLT 或 SVG 文件，如图 2-12 所示。也可以自行制作 PLT 或 SVG 文件来导入 DobotStudio 软件。

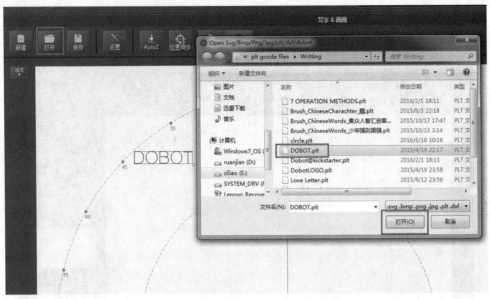

图 2-12　打开制作的 PLT 或 SVG 文件

4. 单击"写字&画画"页面右下方的"插入图形"，选择系统自带的图形文件，如图 2-13 所示。

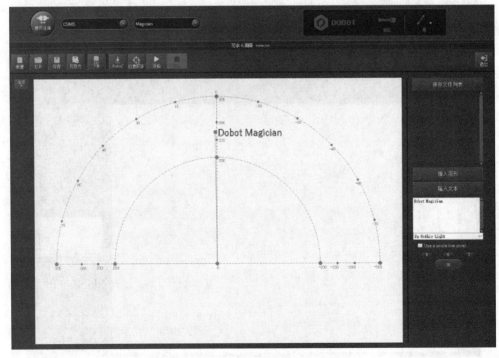

图 2-13　插入系统自带的图形文件

5. 在"写字&画画"页面右下方的"输入文本"区域手动输入文字，并设置文字样式，然后单击"OK"按钮，如图 2-14 所示。

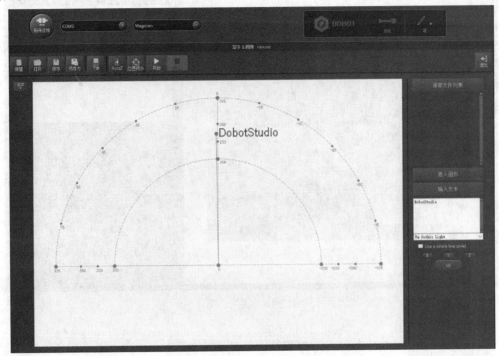

图 2-14 输入文本

6. 单击"打开"导入图片，比如 BMP、JPEG 和 PNG 格式的图片，将其转换成 DobotStudio 可识别的 SVG 文件，如图 2-15 所示。打开图片后，设置合适的灰度比例，单击"将位图转换成 SVG"，自动生成 SVG 文件，然后单击"置入主界面"可将生成的文件载入"写字&画画"主界面，如图 2-16 所示。

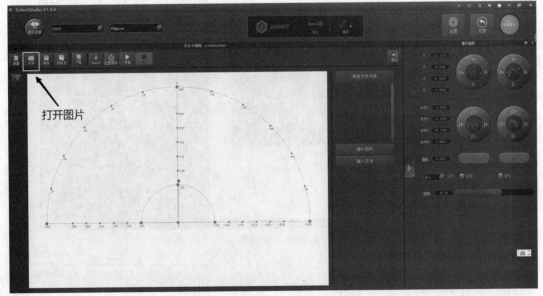

图 2-15 导入图片

图 2-16　转换位图

⚠ 注意

图片转换为 SVG 格式后，若图片颜色较单一，线条较少，须重新调整灰度比例，否则无法载入主界面，如图 2-17 所示。

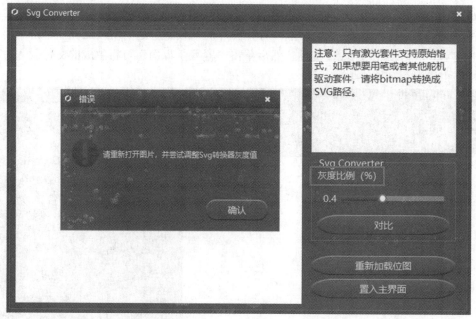

图 2-17　错误提示

7. 设置写字参数。

(1) 在"写字&画画"界面单击"设置"，如图 2-18 所示。

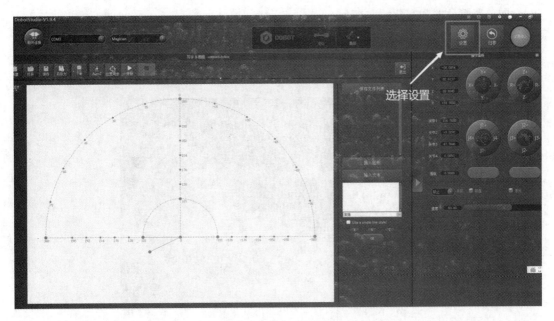

图 2-18 单击"设置"

(2) 单击"写字画画"设置，然后设置机械臂的速度(mm/s)、拐角速度(mm/s)、线性加速度(mm/s²)、加速度(mm/s²)、抬笔高度(mm)和下降位置(mm)，如图 2-19 所示。

📖 **说明**

建议速度设定为 0～500 mm/s，加速度设定为 0～500 mm/s²。

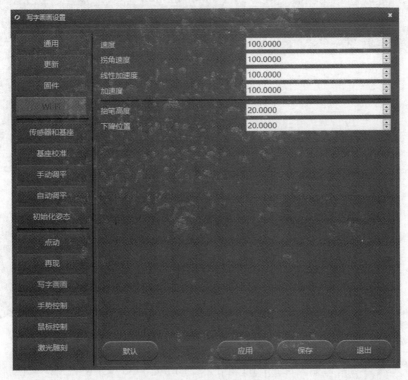

图 2-19 设置"写字画画"相关参数

(四) 调整位置和写字

1. 调整笔尖位置。按住小臂上的圆形解锁按钮  不放，同时拖动小臂，调整笔尖高度直至轻微压住纸张，也可以点动坐标系控制 Z 轴慢慢下移至纸平面合适的位置，如图 2-20 所示。

图 2-20　调整笔尖位置

📖 说明

图 2-21 红框中的点为机械臂所在的位置，移动机械臂时，该点的位置也随之变化，且确保在环形区域内移动。

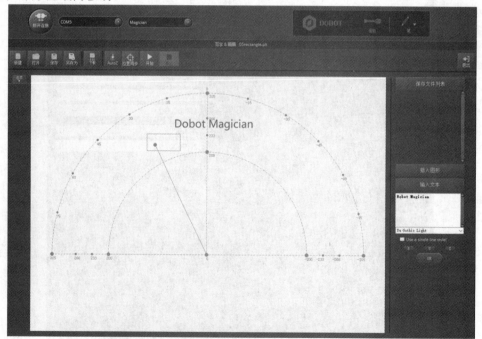

图 2-21　机械臂末端笔对应"写字&画画"界面上的点

2. 在"写字&画画"页面单击"AutoZ"，获取并保存当前的 Z 轴值。执行此步骤后，再次写字时无须手动调整笔尖位置，直接导入 PLT 或 SVG 文件，然后单击"位置同步"，最后单击"开始"即可写字，如图 2-22 所示。

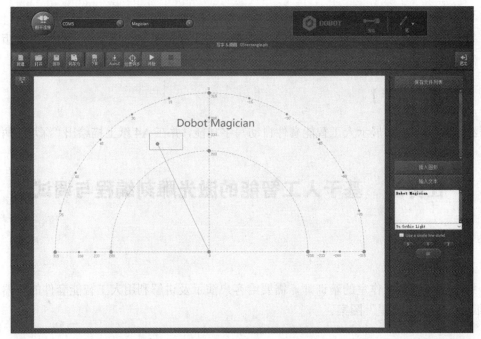

图 2-22　锁定写字高度

📖 **说明**

　　保存的 Z 轴值，即"下降位置"参数，可在"设置→写字画画→下降位置"中查看，如图 2-23 所示。如果写字效果不理想，可以微调笔尖高度，也可以直接修改"下降位置"的值。

图 2-23　"下降位置"参数

3. 单击"位置同步"，机械臂将自动移动至写字起点的正上方(抬笔高度)位置。

4. 单击"开始"开始写字。在写字过程中可单击"暂停"暂停写字，也可以单击"停止"停止写字。

五、技能考核【考】

给客户单位员工展示人工智能套件自动写字功能，并在 A4 纸上描绘出"深圳"两字。

任务二　基于人工智能的激光雕刻编程与调试

一、任务描述

您是一家创意工作室的培训师，需要给客户演示及讲解利用人工智能套件的机器人在 A4 纸中雕刻"五角星"图案。

二、任务目标

知识目标：

(1) 掌握激光雕刻编程与调试的基本原理。

(2) 掌握机器人各轴的运动范围。

技能目标：

(1) 能(会)正确使用激光雕刻模块。

(2) 能(会)正确连接 DobotStudio 软件。

(3) 能(会)正确连接机器人线路。

基于人工智能的激光
雕刻编程与调试

职业素养目标：

(1) 遵守系统调试的标准规范，养成严谨科学的工作态度。

(2) 规范使用激光模块。

(3) 养成团结协作的精神。

三、知识链接【学】任务相关概念

1. 基于人工智能的激光雕刻流程如图 2-24 所示。

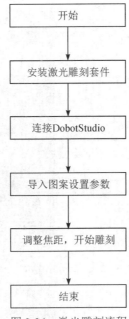

图 2-24　激光雕刻流程

四、任务实施【做】

(一) 安装激光雕刻套件

1. 用夹具锁紧螺丝锁紧激光头，如图 2-25 所示。

图 2-25　用夹具锁紧螺丝锁紧激光头

2. 将 12 V 的电源线接入小臂的 "SW4" 接口，TTL 控制线接入小臂的 "GP5" 接口，安装效果如图 2-26 所示。

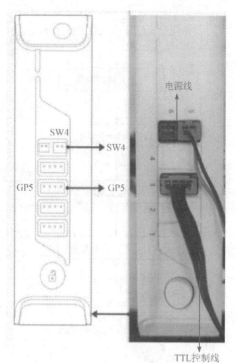

图 2-26   连接"SW4"和"GP5"接口

(二) 连接 DobotStudio 软件

1. 打开 DobotStudio 软件，选择对应的 COM 口，并单击"连接"按钮。如果 Dobot Magician 的固件不是 Dobot 的固件，比如当前是 3D 打印的固件，还需执行以下操作。

(1) 在连接 DobotStudio 软件时会弹出"工具选择"对话框，需在下拉框中选择 "DobotStudio"重新烧录固件，如图 2-27 所示。

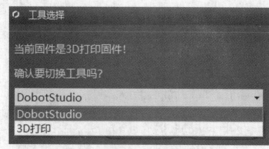

图 2-27   固件选择

(2) 单击"确认"按钮，弹出固件烧录的窗口，如图 2-28 所示。

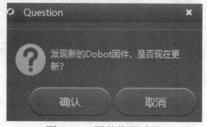

图 2-28   固件烧录确认

(3) 单击"确认"按钮开始烧录固件，如图 2-29 所示。

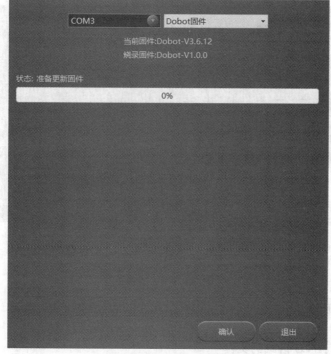

图 2-29 固件烧录

当烧录进度显示为 100%时，此时可听到 Dobot Magician 发出一声短响，说明烧录成功。机械臂底座右下方的灯由红色变成绿色，单击"完成"按钮退出烧录界面，在 DobotStudio 界面重新单击"连接"按钮以连接 DobotStudio。

2. 单击"写字&画画"模块，如图 2-30 所示。

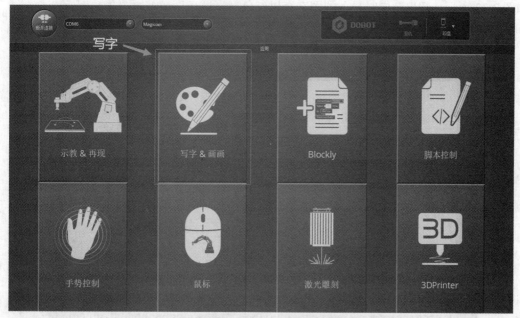

图 2-30 单击"写字&画画"模块

3. 选择末端为"激光"，如图 2-31 所示。

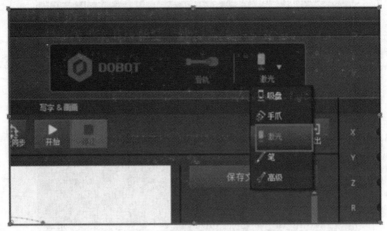

图 2-31   选择末端为"激光"

(三) 导入图案和设置参数

激光雕刻时需使用系统自带或自行制作的图形文件，仅支持 PLT 或 SVG 格式。系统自带的文件路径为"安装目录\DobotStudio\config\prefab\system\source"。

前提条件：

已制作 PLT 或 SVG 格式的文件。

1. 导入图案

用户可通过如下几种方式导入图案。

⚠ 注意

导入的图案需置于主界面的环形区域内，超出范围会导致机械臂限位而无法正常雕刻，如图 2-32 所示。超出范围时导入的图案会以红色高亮进行显示，如图 2-33 所示。

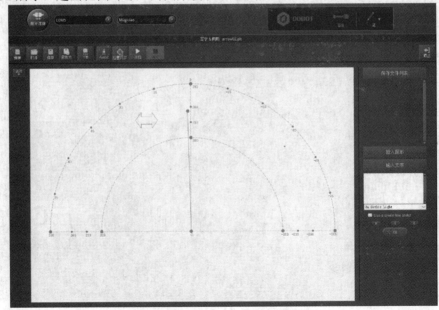

图 2-32   PLT 或 SVG 文件在环形区域内

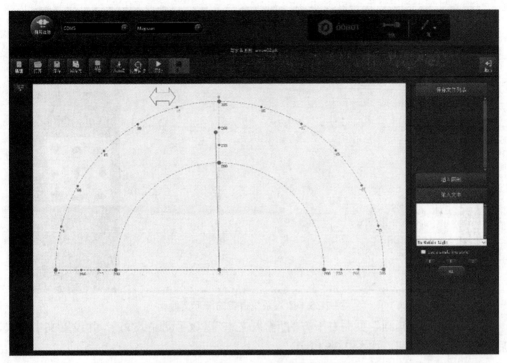

图 2-33 PLT 或 SVG 文件在环形区域外

(1) 在"写字&画画"页面单击"打开",在系统自带的文件路径"安装目录\DobotStudio\config\prefab\system\source"导入 PLT 或 SVG 文件,如图 2-34 所示,也可以自行制作 PLT 或 SVG 文件来导入 DobotStudio 软件。

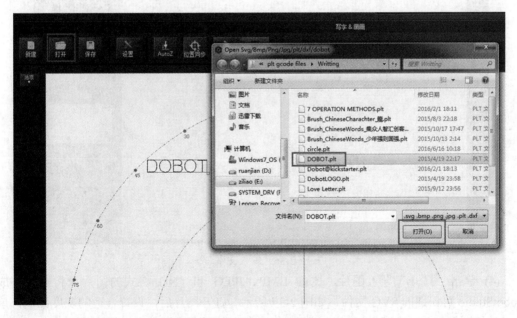

图 2-34 打开制作的 PLT 或 SVG 文件

(2) 单击"写字&画画"页面右下方的"插入图形",选择系统自带的图形文件,如图 2-35 所示。

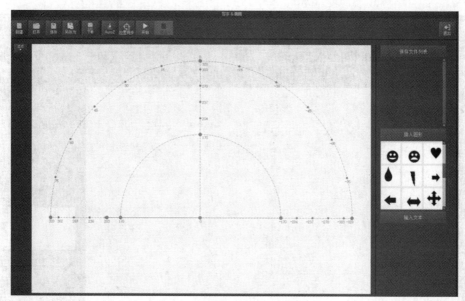

图 2-35 插入系统自带的图形文件

(3) 在"写字&画画"页面右下方的"输入文本"区域手动输入文字,并设置文字样式,然后单击"OK"按钮,如图 2-36 所示。

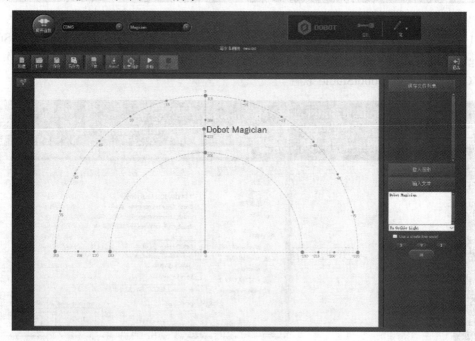

图 2-36 输入文本

(4) 单击"打开"导入图片,比如 BMP、JPEG 和 PNG 格式的图片,将其转换成 DobotStudio 可识别的 SVG 文件,如图 2-37 所示。打开图片后,设置合适的灰度比例,单击"将位图转换成 SVG",自动生成 SVG 文件,然后单击"置入主界面"可将生成的文件载入"写字&画画"主界面,如图 2-38 所示。

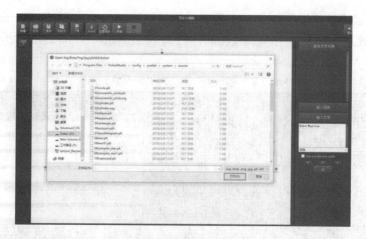

图 2-37　导入图片

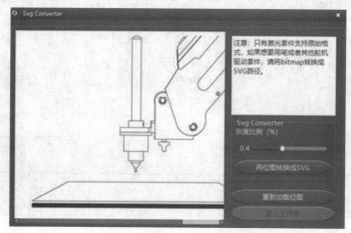

图 2-38　位图转换成 SVG

2. 设置激光雕刻参数

(1) 在"写字&画画"界面，单击"设置"，如图 2-39 所示。

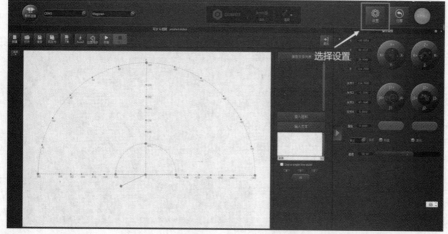

图 2-39　单击设置

(2) 单击"写字画画设置"，然后设置机械臂的速度(mm/s)、拐角速度(mm/s)、线性加速度(mm/s^2)、加速度(mm/s^2)、抬笔高度(mm)和下降位置(mm)，如图 2-40 所示。

📖 说明

建议速度设定为 $0\sim500$ mm/s，加速度设定为 $0\sim500$ mm/s^2。

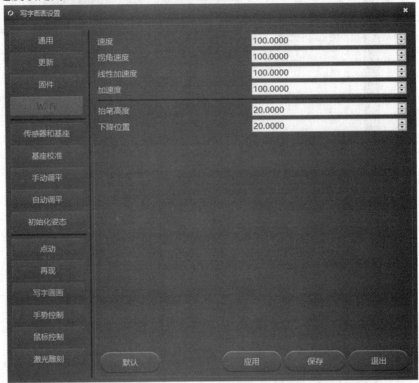

图 2-40   设置"写字画画"相关参数

(四) 调整焦距和开始雕刻

1. 在 DobotStudio 界面选择末端为"激光"，如图 2-41 所示。

图 2-41   选择"激光"末端

2. 单击 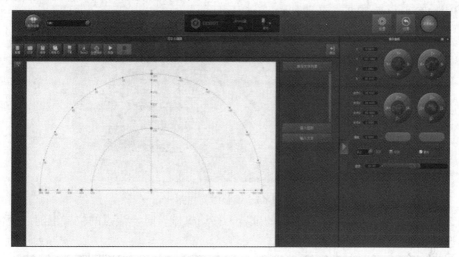 打开"操作面板"界面，然后在界面右下角勾选"激光"并打开激光，如图 2-42 所示，此时激光套件会发射激光。

图 2-42 打开"激光"

⚠ 危险

· 使用激光雕刻时，请佩戴防护眼镜，严禁照射眼睛及衣物。

· 激光在聚焦状态下会产生高温，可以灼烧纸张、木板等。

· 切勿向身体、衣物等进行聚焦。

· 切勿让小孩玩耍机械臂。机械臂在运行过程中必须有工作人员监控，运行完成后请及时关闭。

3. 调整激光焦距

按住机械臂上的圆形解锁按钮 不放，同时拖动机械臂小臂来调节激光套件到纸张表面的高度，直至激光的光斑最小且最明亮。激光功率足够时，可以看到纸张表面有灼烧的痕迹。调整完激光焦距后可在"操作面板"界面右下角取消勾选"激光"以关闭激光，如图 2-43 所示。

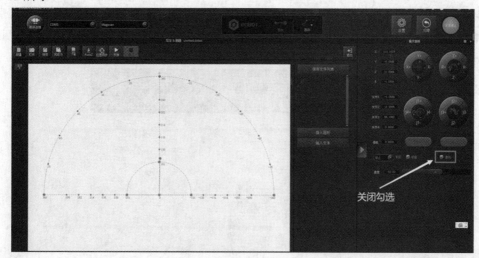

图 2-43 关闭激光

> ⚠️ **注意**

　　如果激光始终无法聚焦，可能是激光头的焦距过长，可以旋转激光头底部的金属旋钮
进行聚焦(如图 2-44 右图所示的旋钮)。

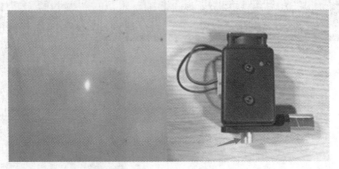

图 2-44　调整激光焦距

　　图 2-45 方框中的点为机械臂所在的位置，移动机械臂时，该点的位置也随之变化，确
保在环形区域内移动。

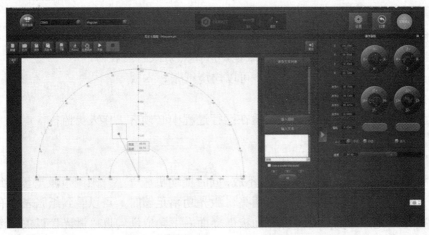

图 2-45　机械臂末端激光套件对应"写字&画画"界面上的点

　　4. 在"写字&画画"界面单击"AutoZ"，获取并保存当前的 Z 轴值。执行此步骤后，
再次雕刻时无需手动调整激光套件位置，直接导入 PLT 或 SVG 文件，然后单击"位置同
步"，最后单击"开始"即可雕刻，如图 2-46 所示。

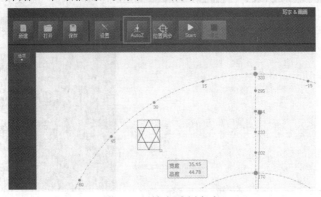

图 2-46　锁定雕刻高度

📖 **说明**

保存的 Z 轴值，即"下降位置"参数，可在"设置→写字画画→下降位置"中查看，如图 2-47 所示。如果雕刻效果不理想，可以微调激光套件高度，也可以直接修改"下降位置"的值。

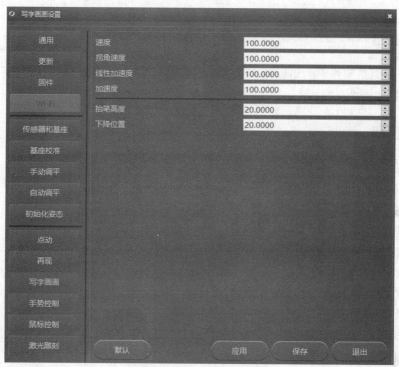

图 2-47　设置下降位置参数

5. 单击"位置同步"，机械臂将自动移动至激光雕刻起点正上方(抬笔高度)的位置。

6. 单击"开始"，开始雕刻。在雕刻过程中可单击"暂停"，暂停雕刻，也可以单击"停止"，停止雕刻。雕刻示例效果如图 2-48 所示。

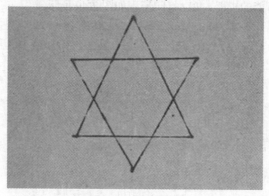

图 2-48　雕刻效果

五、技能考核【考】

给客户单位员工展示人工智能套件激光雕刻功能，在 A4 纸上描绘出喜欢的图形。

任务三　基于人工智能的 3D 打印编程与调试

一、任务描述

你是一家创意工作室的培训师，某客户向你定制了一个花瓶，你利用人工智能套件的机器人 3D 打印一个花瓶模型。

二、任务目标

知识目标：

(1) 掌握机器人各轴的运动范围。

(2) 掌握 3D 打印的基本原理。

技能目标：

(1) 能(会)正确使用 DobotStudio 软件。

(2) 能(会)正确连接设备。

(3) 能(会)使用 Repetier Host 软件。

职业素养目标：

(1) 遵守系统调试的标准规范，养成严谨科学的工作态度。

(2) 培养 5S 行为习惯。

(3) 养成团结协作的精神。

三、知识链接【学】任务相关概念

1. 实现基于人工智能的机器人 3D 打印流程如图 2-49 所示。

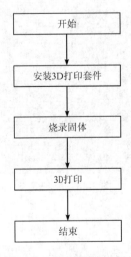

图 2-49　基于人工智能机器人 3D 打印流程

2. 基于人工智能机器人 3D 打印时需使用 3D 打印控制软件，当前可通过 Repetier Host 或 Cura 控制软件来完成 3D 打印。

(1) Repetier Host 软件具有切片、查看修改 G-Code、手动控制 3D 打印机等特点。但 Repetier Host 软件不提供切片引擎，而是调用其他切片软件进行切片，比如 CuraEngine、Slic3r 等切片软件。该软件设置参数较多，灵活性较高。

(2) Cura 软件具备切片速度快且稳定，对 3D 模型结构包容性强，设置参数少等诸多优点，拥有越来越多的用户群。

⚠ **注意**

本节以 Windows 操作系统为例介绍如何通过 Repetier Host 和 Cura 控制软件来完成 3D 打印操作。若用户的操作系统为 Mac OS，则不能使用 Repetier Host 控制软件。

四、任务实施【做】

(一) 安装 3D 打印套件

3D 打印套件包含热端、进料管、挤出机、电机线、耗材和耗材支架，如图 2-50 所示。

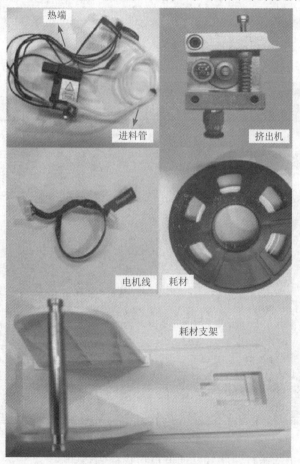

图 2-50　3D 打印套件

1. 用手按压挤出机上面的压杆，将耗材通过滑轮直插至底部通孔，如图 2-51 所示。

图 2-51   插入耗材

2. 将进料管一端插入热端底部，另一端插入挤出机，如图 2-52 所示。

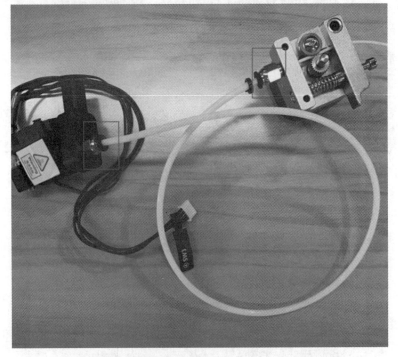

图 2-52   连接热端和挤出机

3. 按压挤出机上的压杆，将耗材通过进料管插到热端底部。

⚠ 注意

请确保进料管插入热端底部，否则会导致出料异常。

4. 在机械臂末端安装热端工具，并用夹具锁紧螺丝拧紧，如图 2-53 所示。

图 2-53　安装热端工具

5. 将加热棒电源线插入小臂界面"SW3"，风扇电源线插入小臂界面"SW4"，热敏电阻线插入小臂界面"ANALOG"，如图 2-54 所示。

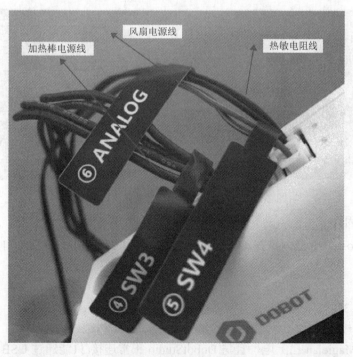

图 2-54　小臂接线示意图

6. 将挤出机电机线插入机械臂底座背面外设接口"Stepper1"，如图 2-55 所示。

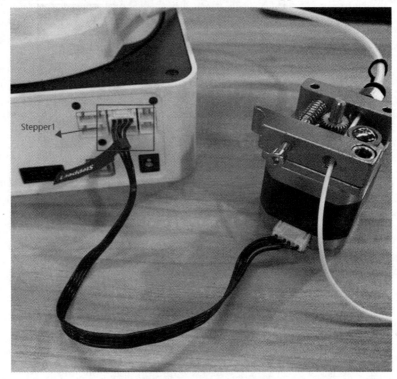

图 2-55　挤出机接线示意图

7. 将耗材和挤出机放置于耗材支架上，如图 2-56 所示。

图 2-56　将耗材和挤出机放置于耗材支架上

(二) 烧录固件

Repetier Host 软件已内置在 DobotStudio 中，烧录 3D 打印固件后会自动弹出 Repetier Host 软件。

前提条件：

- 已准备 3D 打印模型。
- 已准备玻璃打印床，请放置在 Dobot Magician 工作范围内。
- Dobot Magician 已上电，且与 DobotStudio 正常连接(只能通过 USB 线连接)。

- 已安装 3D 打印套件。

1. 在 DobotStudio 界面单击"3D Printer"，弹出"3D Printing FM"窗口，如图 2-57 所示。

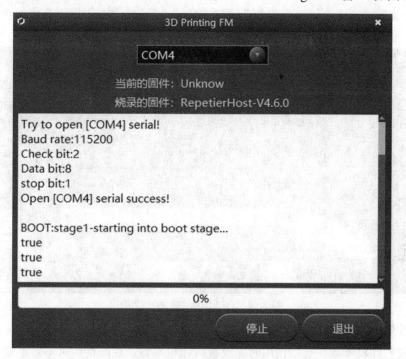

图 2-57　烧录固件

2. 单击"确定"按钮，开始烧录 3D 打印固件。烧录完成后会自动切换回 Repetier Host 软件，如图 2-58 所示。若烧录完成后机械臂底座指示灯变为红色，则说明未连接热端或者 3D 打印套件连接错误。

⚠ **警告**

烧录固件时请勿操作机械臂或关闭机械臂电源，以免损坏机器。

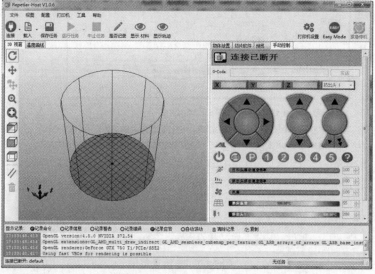

图 2-58　Repetier Host 界面

⚠ **注意**

若当前固件已经为 3D 打印固件，再次使用 3D 打印功能时，可直接在 DobotStudio 页面单击"连接"，在弹出的"工具选择"窗口中单击"确定"按钮，即可直接切换至 Repetier Host 软件，如图 2-59 所示。

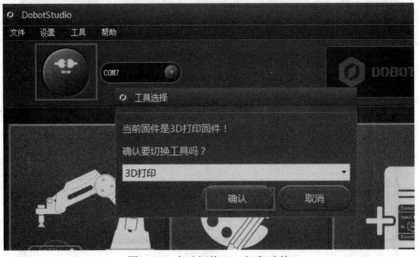

图 2-59　自动切换 3D 打印功能

(三) 开始 3D 打印

1. 设置打印机参数。首次使用时需设置打印机参数，后续使用时不需重复设置。

(1) 在 Repetier Host 界面单击"打印机设置"，弹出"打印机设置"页面。

(2) 在"连接"页签按图 2-60 所示设置参数，其余保持默认值即可。

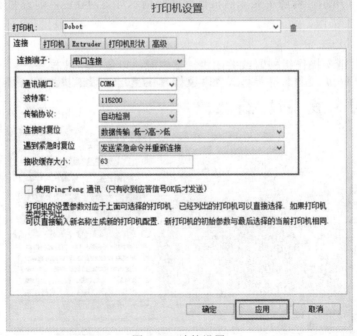

图 2-60　连接设置

(3) 单击"应用"按钮。

(4) 在"打印机"页签取消图 2-61 对应的选项，其余保持默认值即可，并单击"应用"按钮。

图 2-61　打印机设置

(5) 在"挤出头"页签按图 2-62 所示设置参数，其余保持默认值即可，并单击"应用"按钮。

图 2-62　挤出头设置

(6) 在"打印机形状"页签按图 2-63 所示设置参数，其余保持默认值即可，并单击"应用"按钮。

图 2-63　打印机形状设置

(7) 单击"确定"按钮。

2. 在 Repetier Host 主界面单击"连接"，连接机械臂。连接成功后，Repetier Host 页面下方会显示挤出头温度，如图 2-64 所示。

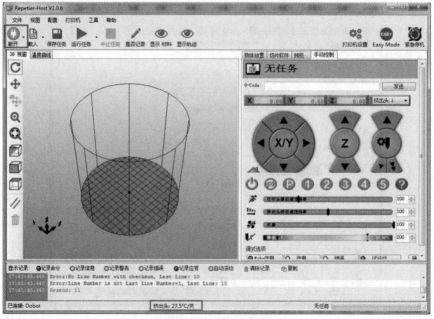

图 2-64　连接机械臂

3. 测试挤出头。

打印前需确保挤出头可以正常挤出耗材，检查进出料是否畅通，进出料方向是否正确，因此需测试挤出头。出头温度在170℃以上且耗材处于融化状态时，挤出头才能正常工作，因此需先加热挤出头。

(1) 在 Repetier Host 主界面右侧的"手动控制"页签将挤出头加热温度设置为200℃，如图 2-65 所示，并单击 ✔ 图标。

⚠ **危险**

加热棒会产生250℃的高温，请注意安全。切勿让小孩玩耍，以免发生意外。机器运行过程中必须有人监控，运行完成时请及时关闭设备。

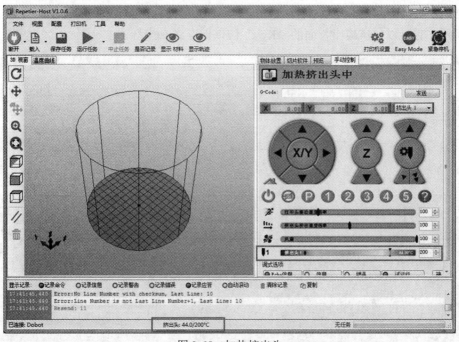

图 2-65　加热挤出头

(2) 加热到200℃后，单击挤出机的进料按钮，使进料长度在10～30 mm 之间，如图 2-66 所示。若看到喷嘴有融化的耗材流出，则说明挤出机工作正常。

图 2-66　挤出耗材

⚠ **注意**

如果单击进料按钮时发现未出料，说明进出料方向相反，需将耗材从挤出机拔出并将挤出机旋转180°安装，然后重新插入耗材。

4. 调整打印间距，获取打印坐标。

📖 **说明**

在打印过程中，如果喷嘴与玻璃打印床之间的距离过小或过大，会出现首层不粘或者喷头堵塞的现象。为了增加首层的粘性，可在玻璃打印床上贴一层美纹纸。

(1) 按住小臂上的圆形按钮，拖动机械臂使打印头恰好接触美纹纸表面(打印头与美纹纸之间的距离为一张A4纸的厚度)，并松开圆形按钮。

(2) 在Repetier Host页面右侧"G-Code"栏输入M415并回车，保存Z轴坐标，如图2-67所示，也可以按压底座背面的"Key"键以保存Z轴坐标。

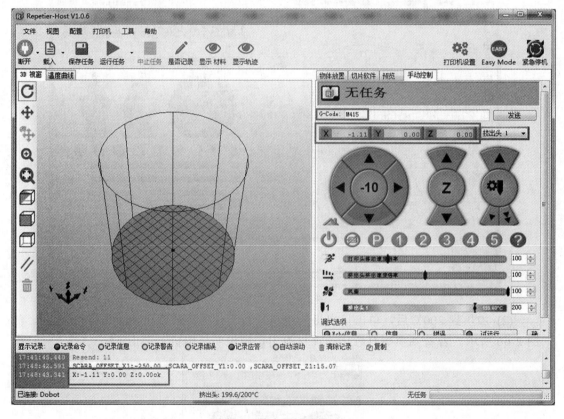

图2-67　获取机械臂坐标

📖 **说明**

如果Repetier Host界面右侧无"G-Code"栏，请单击"EASY"将Easy Mode关闭，如图2-68所示。若EASY按钮从绿色变为红色，则说明关闭成功。

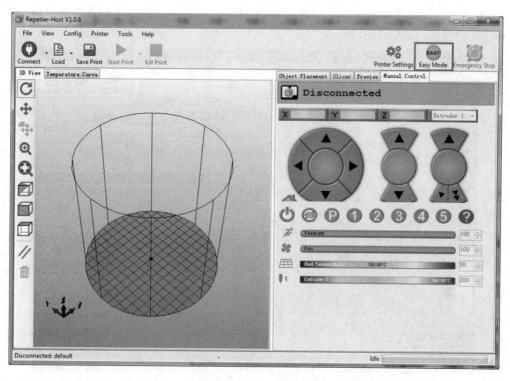

图 2-68　Easy 模式

(3) 单击"载入",导入已准备的 3D 模型,如图 2-69 所示。当前 3D 打印使用的是通用的 STL 格式,用户可以自己设计 3D 模型并将其转化为 STL 格式。

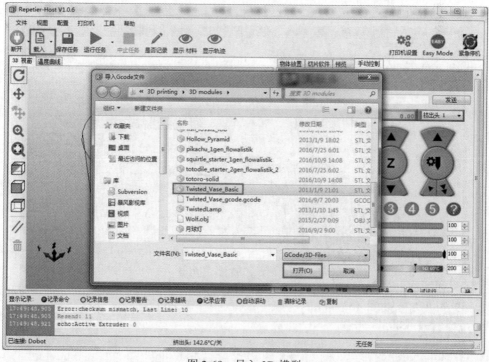

图 2-69　导入 3D 模型

(4) 导入后可在 Repetier Host 页面右侧的"物体放置"页签对导入的模型进行居中、缩放和旋转等操作，如图 2-70 所示。

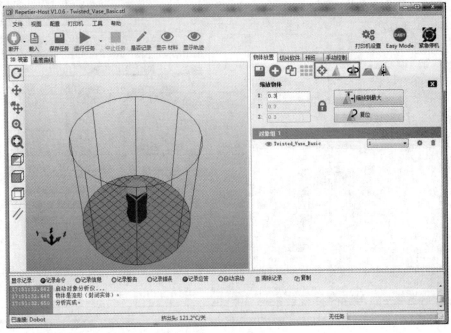

图 2-70   模型变换

5. 设置切片参数并切片。首次打印前，需配置切片参数。

(1) 在 Repetier Host 页面右侧的"切片软件"页签选择切片软件"Slic3r"，并单击"配置"，如图 2-71 所示。

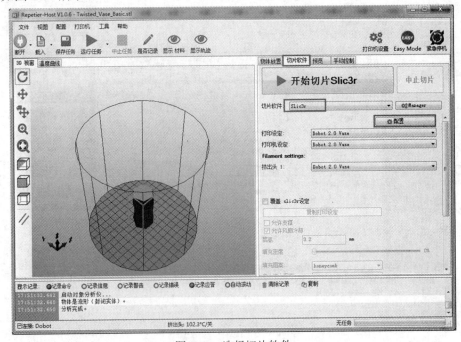

图 2-71   选择切片软件

(2) 弹出 Slic3r 配置页面，如图 2-72 所示。

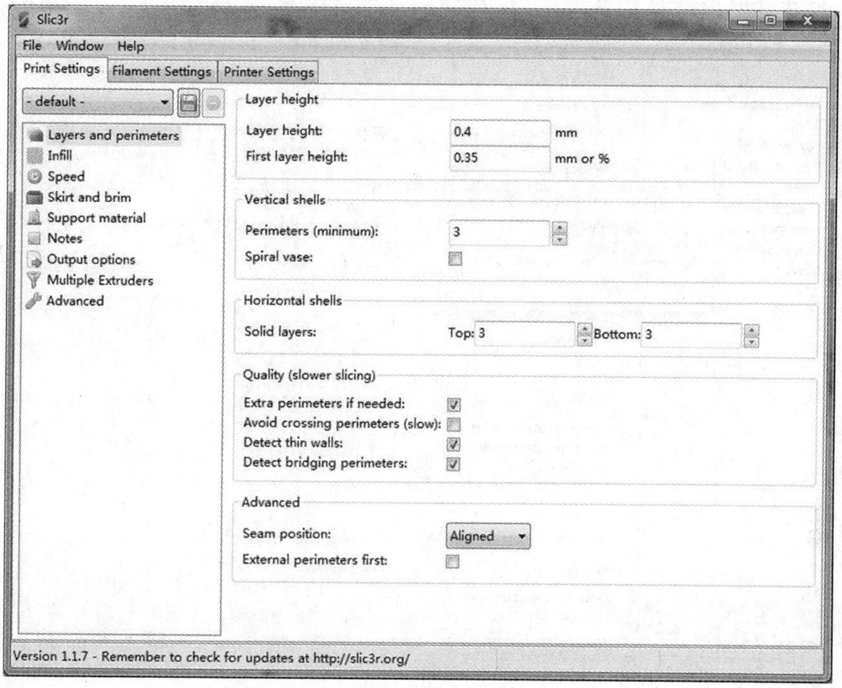

图 2-72　切片参数设置

(3) 在 Slic3r 配置页面配置切片参数。3D 打印效果与切片参数有关，本手册提供一个样例，用户可在 Slic3r 配置页面选择"File>Load Config"，直接导入切片参数样例。配置样例路径为"安装目录\DobotStudio\attachment\"，如图 2-73 所示。

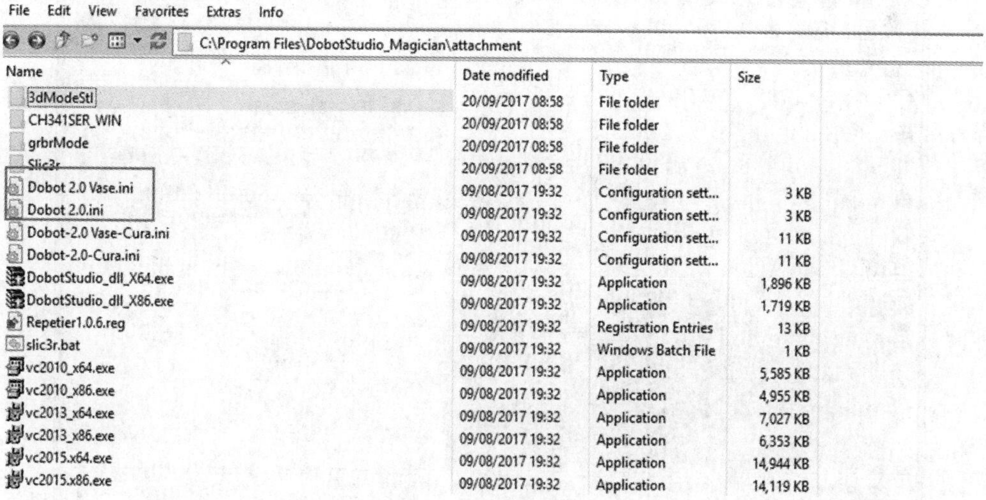

图 2-73　配置样例

(4) 其中，"Dobot-2.0-Vase.ini"用于薄壁花瓶的打印，"Dobot-2.0-ini"用于填充实体的打印，填充率为 20%。

(5) 分别对"Print Settings""Filament Settings"以及"PrinterSettings"三个页签进行保存，也可以将他们重命名，此示例中将他们设置为默认值，如图 2-74 所示。

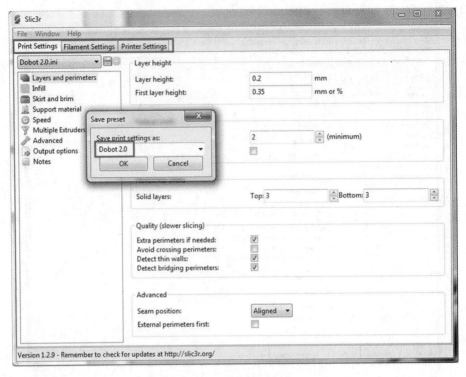

图 2-74　保存配置参数

(6) 在 Repetier Host 页面右侧的"切片软件"页签单击"开始切片",即可完成切片,如图 2-75 所示。

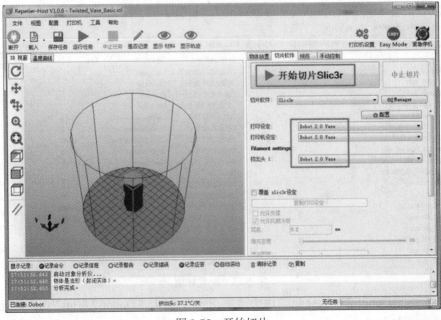

图 2-75　开始切片

(7) 在 Repetier Host 页面的左上方单击"运行任务"图标 ▶ 开始打印,如图 2-76 所示。

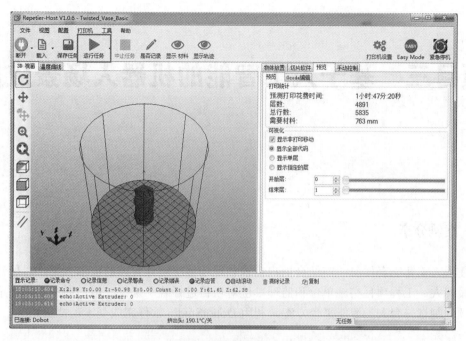

图 2-76 开始打印

(8) 采用花瓶模式打印，打印完成后的效果如图 2-77 所示。

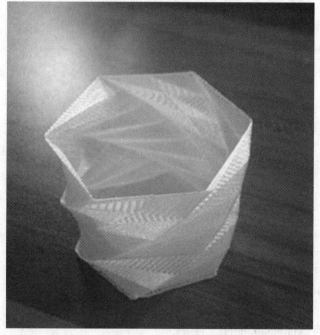

图 2-77 打印效果

五、技能考核【考】

给客户单位员工展示人工智能套件 3D 打印功能，设计并 3D 打印出自己喜欢的图形。

项目三　基于人工智能的机器人场景应用

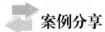

案例分享

使用人工智能套件前，需结合用户需求和现场情况制订整体的技术方案，以便建设单位、投标人、工程项目实施单位和监理单位对项目进行统一认识。用户通常需要邀请专业人员预先制订一套人工智能平台方案，利用 DobotStudio 软件完成基本功能应用。

任务一　基于人工智能的机械臂物料
搬运编程与调试

基于人工智能的
机械臂物料搬运
编程与调试.

一、任务描述

在机器人搬运任务中，要求机器人从原点出发，运动到物料上方，逐一吸取工作台上的 5 个方形工件，并将他们放置在工作台上规定的位置，全部工件搬运完成后，返回原点位置。

二、任务目标

知识目标：
(1) 掌握 Dobot Magician 机械臂的工作原理及运动理论。
(2) 掌握 Arduino 2560 的串口通信原理及应用。
技能目标：
(1) 能(会)调用 Magician 的库文件。
(2) 能(会)控制机械臂以完成物块的搬运。
(3) 能(会)运用运动指令。
职业素养目标：
(1) 遵守系统调试的标准规范，养成严谨科学的工作态度。

(2) 养成对训练过程和结果总结的习惯，为下次训练提供经验。

(3) 养成团结协作的精神。

三、知识链接【学】任务相关概念

(一) 实验系统整体介绍

1. 硬件组成

(1) Arduino 人工智能套件包括 Arduino Mega2560 控制板、Arduino 拓展板、RGB 按键模块、LED 灯模块、摇杆模块、LD3320 语音识别模块、Pixy2 视觉识别模块，如图 3-1 所示。本文档对 Arduino 智能套件模块的连接、Demo 实现的逻辑框图等进行详细说明，使入门创客以及非电子专业的电子爱好者可以快速入门。

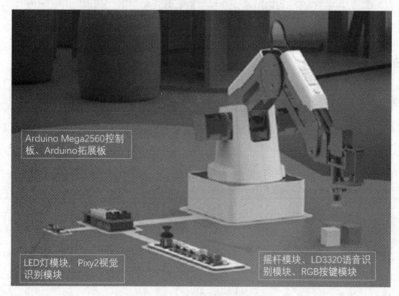

图 3-1　硬件组成

(2) Arduino Mega2560 是基于 ATmega 16U2 的微控制板，有 54 路数字输入/输出端口(其中 15 个可以作为 PWM 输出)，16 路模拟输入端口，4 路 UART 串口，16 MHz 的晶振，USB 连接口，电源接口和复位按钮，如图 3-2 所示。

图 3-2　制板引脚接口

(3) 人工智能套件提供 Arduino Mega2560 转接板，把实验项目用到的引脚拓展出来，方便用户接线，如图 3-3 所示。

图 3-3   Arduino 拓展板

2. 软件开发环境

(1) rduino 是一个便捷灵活、升级方便的开源电子平台，包括 Arduino 开发工具 Arduino IDE 和核心库。Demo 开发的版本为 1.8.6，下载时请选择对应的操作平台(建议用户下载非安装版，如图 3-4 所示)，下载地址为：https://www.arduino.cc/en/Main/OldSoftwareReleases# previous。

Arduino 1.6.x, 1.5.x BETA

These packages are no longer supported by the development team.

1.8.7	Windows Windows Installer	MAC OS X	Linux 32 Bit Linux 64 Bit Linux ARM	Source code on Github
1.8.6	Windows Windows Installer	MAC OS X	Linux 32 Bit Linux 64 Bit Linux ARM	Source code on Github
1.8.5	Windows Windows Installer	MAC OS X	Linux 32 Bit Linux 64 Bit Linux ARM	Source code on Github
1.8.4	Windows Windows Installer	MAC OS X	Linux 32 Bit Linux 64 Bit Linux ARM	Source code on Github

图 3-4   Arduino 版本选择

(2) 然后点击"JUST DOWNLOAD"进行下载，如图 3-5 所示。

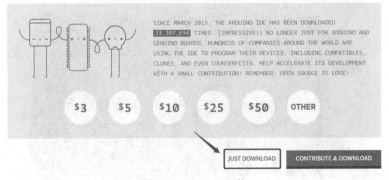

图 3-5   Arduino 下载

(3) 下载完成后，将其解压到电脑 C 盘或 D 盘的根目录，如图 3-6 所示。

图 3-6 解压安装包

(4) 进行环境配置。将"源码"→"libraries"文件夹中的所有库文件(Magician、Pixy2 和 VoiceRecognition)复制添加至 Arduino IDE 解压目录下的 libraries 文件夹，如图 3-7 所示。注：如果是安装版的 Arduino IDE，请复制添加至 Arduino IDE 安装目录下的 libraries 文件夹。

名称	修改日期	类型	大小
Magician	2019/6/21 14:30	文件夹	
Pixy2	2019/6/18 6:39	文件夹	
VoiceRecognition	2019/6/18 6:39	文件夹	

图 3-7 库文件

(5) 打开 ArduinoDemo 源码，右击打开方式定位到 Arduino IDE 根目录下的 "arduino.exe"，如图 3-8 所示。

图 3-8 打开软件

(6) 在 Arduino 界面的"工具→开发板"选择"Arduino/Genuino Mega or Mega 2560"，在"工具→处理器"选择"ATmega2560(Mega 2560)"，在"工具→端口"选择相应的串口，如图 3-9 所示。

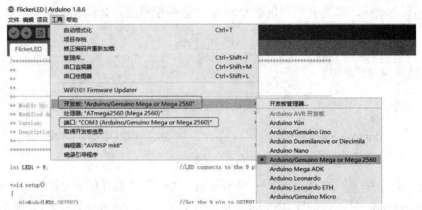

图 3-9　选择串口

(7) 在"项目"中点击"加载库"，可以查看刚刚添加进去的库文件，如图 3-10 所示。

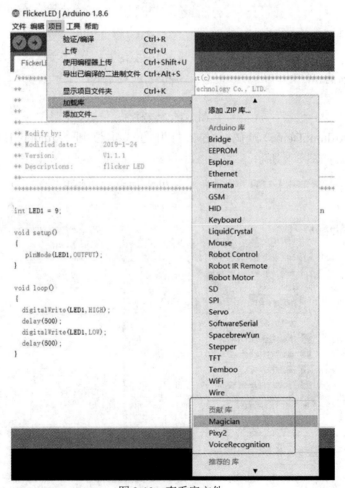

图 3-10　查看库文件

(二) 实验原理

1. Arduino 2560 支持 UART 通信协议，串口引脚地址如表 3-1 所示。

表 3-1 串口引脚地址

串口号	引脚名称	引脚地址
Serial 串口 0	RX0	Digital pin 0
	TX0	Digital pin 1
Serial1 串口 1	RX1	Digital pin 19
	TX1	Digital pin 18
Serial2 串口 2	RX2	Digital pin 17
	TX2	Digital pin 16
Serial3 串口 3	RX3	Digital pin 15
	TX3	Digital pin 14

Arduino 2560 的烧录接口默认连接串口 0，用户编程时可以通过串口 0 在 Arduino IDE 的串口调试窗口打印相应的信息。

2. Dobot Magician 机械臂的产品外观。

Dobot Magician 机械臂由底座、大臂、小臂、末端工具等组成，外观如图 3-11 所示。

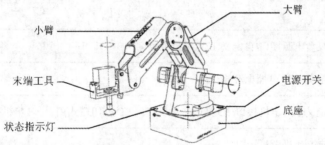

图 3-11 Dobot Magician 机械臂外观示意图

3. Dobot Magician 机械臂的接口说明。

Dobot Magician 机械臂的接口位于底座背部和小臂上，底座背部接口示意图如图 3-12 所示，其功能说明如表 3-2 所示。

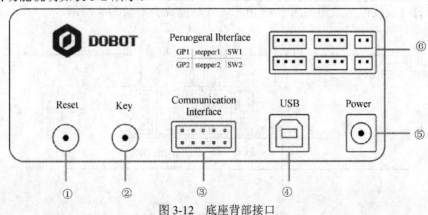

图 3-12 底座背部接口

表 3-2   底座背部接口说明

序号	说 明
1	复位按键，复位 MCU 程序 此时底座指示灯变为黄色，约 5 s 后，复位成功，底座指示灯变为绿色
2	按键功能 短按一下：执行脱机程序，详细参见 Dobot Magician 用户手册。长按 2s 以上：启动回零操作，详细参见 Dobot Magician 用户手册
3	UART 接口/通信接口，可连接蓝牙、Wi-Fi 模块，采用 Dobot 协议
4	USB 接口，连接 PC 进行通信
5	电源，连接电源适配器
6	外设接口，可连接气泵、挤出机、传感器等外部设备。

4. 底部外设接口说明如表 3-3 所示。

表 3-3   底座外设接口说明

接口	说 明
SW1	气泵盒电源接口/自定义 12V 可控电源输出
SW2	自定义 12V 可控电源输出
Stepper1	自定义步进电机接口/3D 打印挤出机接口(3D 打印模式)/传送带电机接口/滑轨电机接口
Stepper2	自定义步进电机接口
GP1	气泵盒控制信号接口/光电传感器接口/颜色传感器接口/自定义通用接口
GP2	自定义通用接口/颜色传感器接口/滑轨回零开关接口

5. 小臂外设接口示意图如图 3-13 所示，其功能说明如表 3-4 所示。

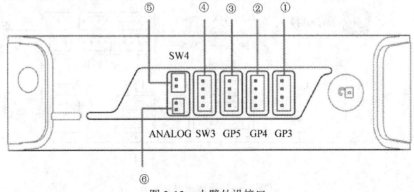

图 3-13   小臂外设接口

表3-4 小臂外设接口说明

序号	说 明
1	GP3，R 轴舵机接口/自定义通用接口
2	GP4，自动调平接口/光电传感器接口/颜色传感器接口/自定义通用接口
3	GP5，激光雕刻信号接口/光电传感器接口/颜色传感器接口/自定义通用接口
4	SW3，3D 打印加热端子接口(3D 打印模式)/自定义 12V 可控电源输出
5	SW4，3D 打印加热风扇(3D 打印模式)/激光雕刻电源接口/自定义 12V 可控电源输出
6	ANALOG，3D 打印热敏电阻接口(3D 打印模式)

6. Dobot Magician 机械臂的指示灯状态说明，如表 3-5 所示。

表3-5 指示灯说明

状态	说 明
绿色常亮	机械臂正常工作
黄色常亮	机械臂处于启动状态
蓝色常亮	机械臂处于脱机状态
蓝色闪烁	机械臂正在执行回零操作或正在进行自动调平
红色常亮	机械臂处于限位状态、报警未清除或 3D 打印套件连接错误

四、任务实施【做】

1. 按照 MoveBlockDEMO 连接示意图进行接线，如图 3-14 所示。吸盘套件、气泵盒的安装以及与 Dobot Magician 连接的方法请参见项目一的任务一。

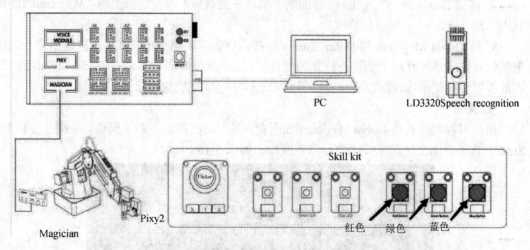

图 3-14 MoveBlockDEMO 连接示意图

2. 打开 ArduinoDemo 文件夹，找到"MoveBlockDEMO"源码，右击打开方式定位到 Arduino IDE 根目录下的"arduino.exe"，打开源码。

3. 在 Arduino 界面的"工具→开发板选择 Arduino/Genuino Mega or Mega 2560"，"工具→处理器选择 ATmega2560(Mega 2560)"，"工具→端口"选择相应的串口。说明：Dobot Magician 通过底座背面的 UART 接口(10PIN)与 Arduino 进行通信，采用 Dobot 通信协议。已提供"Magician "库文件，该库封装了部分 Dobot Magician API，直接调用即可控制 Dobot Magician，如图 3-15 所示。

名称	修改日期	类型	大小
command.cpp	2019/1/6 11:33	C++ Source file	30 KB
command.h	2019/1/6 15:36	C++ Header file	5 KB
Dobot.cpp	2019/1/6 16:35	C++ Source file	21 KB
Dobot.h	2019/1/6 15:45	C++ Header file	6 KB
DobotInit.cpp	2019/1/6 11:55	C++ Source file	3 KB
FlexiTimer2.cpp	2018/12/19 12:29	C++ Source file	7 KB
FlexiTimer2.h	2018/12/19 12:29	C++ Header file	1 KB
Magician.h	2018/12/19 12:29	C++ Header file	1 KB
Message.cpp	2018/12/19 12:29	C++ Source file	4 KB
Message.h	2018/12/19 12:29	C++ Header file	3 KB
Packet.cpp	2018/12/26 17:10	C++ Source file	7 KB
Packet.h	2018/12/19 12:29	C++ Header file	2 KB
Protocol.cpp	2019/1/6 12:08	C++ Source file	6 KB
Protocol.h	2018/12/19 12:29	C++ Header file	2 KB
ProtocolDef.h	2018/12/22 20:58	C++ Header file	3 KB
ProtocolID.h	2018/12/19 12:29	C++ Header file	7 KB
RingBuffer.cpp	2018/12/26 17:59	C++ Source file	5 KB
RingBuffer.h	2018/12/19 12:29	C++ Header file	6 KB
symbol.h	2018/12/19 12:29	C++ Header file	2 KB
type.h	2018/12/19 12:29	C++ Header file	24 KB

图 3-15　"Magician"库文件

4. 调试 Demo 前，在 Arduino 界面的"项目→加载库"查看是否已将"Magician"的库导入工程。

5. 将 Dobot Magician 和 Dobot Studio 连接，Dobot Magician 归零后，按住小臂上的圆形按钮并拖动小臂移动至物块待放置的位置(假设 A 点和 B 点)，然后在 Dobot Studio 的"操作面板"界面记录物块的位置坐标以写入 Demo 中，完成物块搬运任务。

📖 说明

用户可以通过长按 Dobot Magician 底座背面的"Key"键进行归零操作，或者通过 Dobot Studio 软件界面上的归零按钮进行归零操作，如图 3-16 所示。

图 3-16　机器人归零

6. 定义 A 点和 B 点坐标。可通过 DobotStudio 界面的"操作面板"获取坐标，如图 3-17、图 3-18 所示。

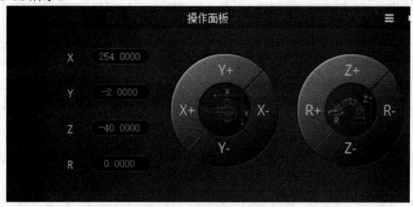

图 3-17 获取坐标

```
#define block_position_X 254          //X-coordinate of A point
#define block_position_Y -2           //Y-coordinate of A point
#define block_position_Z -40          //Z-coordinate of A point
#define block_position_R 0            //R-coordinate of A point

#define Des_position_X 170            //X-coordinate of B point
#define Des_position_Y -190           //Y-coordinate of B point
#define Des_position_Z -42            //Z-coordinate of B point
#define Des_position_R 0              //R-coordinate of B point
```

图 3-18 程序设定 A 点、B 点坐标

7. 设计机械臂搬运实现流程图。通过编写 Arduino 源码，先设置机械臂的初始位置，然后定义 A 点和 B 点坐标，最后实现物块从 A 点搬运到 B 点，再从 B 点搬回 A 点，并循环多次，具体流程如图 3-19 所示。

图 3-19 机械臂搬运实现流程框图

8. 编写代码，实现机械臂循环搬运功能。

(1) 程序初始化，设置机械臂(Dobot)的初始位置，如图 3-20 所示。

```
void setup()
{
    Serial.begin(115200);
    Dobot_Init();
    Serial.println("start...");
    Dobot_SetPTPCmd(MOVJ_XYZ, 230, 0, 40, 0);    //设置 Dobot 初始位置
}
```

图 3-20　设置 Dobot 初始位置

(2) 利用 loop()函数实现机械臂循环搬运操作功能，如图 3-21 所示。

```
void loop() {
    while (count > 0)
    {
        |
    }
}
```

图 3-21　机械臂循环搬运

9. 编译验证代码。程序编译完成后上传到 Arduino 控制板运行，如图 3-22 所示。

图 3-22　程序编译及上传

五、技能考核【考】

某客户单位产线升级，作为工程师的你需要对产线进行升级改造，利用人工智能套件开发一套搬运 2×2 层物料的程序。

任务二　按键控制机器人运动编程与调试

按键控制机器人运动
编程与调试

一、任务描述

你是一家科技公司的机器人工程师，最近开发了一款具有灵活移动能力的机器人。为了让机器人更易于操作，决定为其添加按键控制功能。这样，操作人员可以通过按键来控

制机器人的运动，实现简单而直观的操控。任务是为机器人设计并编程按键控制功能，让操作人员能够通过按键来控制机器人的上升、下降运动。

二、任务目标

知识目标：
(1) 掌握按键基本原理。
(2) 掌握 Arduino 软件的使用。

技能目标：
(1) 能(会)正确连接设备。
(2) 能(会)使用 Arduino 上传编译、按键模块。
(3) 能(会)调试 Dobot Magician 机械臂移动。

职业素养目标：
(1) 遵守系统调试的标准规范，养成严谨科学的工作态度。
(2) 养成团结协作的精神。
(3) 养成良好的编程习惯。

三、知识链接【学】任务相关概念

键盘通常使用机械触点式按键开关，主要将机械上的通断转换为电气上的逻辑关系。也就是说，它能提供标准的 TTL 逻辑电平，以便于通用数字系统的逻辑电平相容。机械式按键在被按下或释放时，由于机械弹性作用，通常伴随一定时间的触点机械抖动，然后其触点逐渐稳定下来，抖动过程如图 3-23 所示。抖动时间的长短与开关的机械特性有关，一般为 5～10 ms。在触点抖动期间检测按键的通与断，可能导致判断出错，即按键被一次按下或释放被错误认为是多次操作，这种情况是不允许出现的。为了克服按键触点机械抖动所致的检测误判，必须采取消抖措施。按键较少时，可采用硬件消抖；按键较多时，可采用软件消抖。

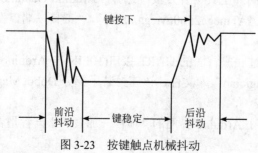

图 3-23　按键触点机械抖动

四、任务实施【做】

1. 按照 KEYDEMO 连接示意图进行接线，如图 3-24 所示。吸盘套件、气泵盒的安装以及与 Dobot Magician 连接的方法请参见项目一的任务一。

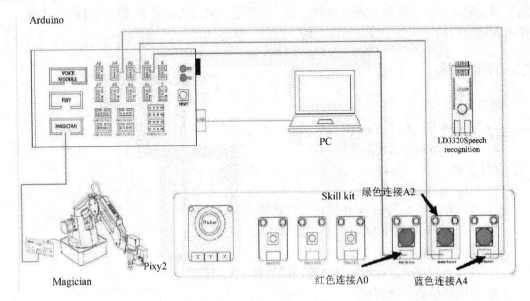

图 3-24　KEYDEMO 连接示意图

📖 说明

如果用户需将套件连接至 Arduino Mega2560 的其他接口，可以在 JoyStickDEMO 源码中修改连接的对应接口，如图 3-25 所示。

```
#define Red_Button A0      //Red_button connects to the A0 pin
#define Green_Button A2    //Green_button connects to the A2 pin
#define Blue_Button A4     //Blue_button connects to the A4 pin
```

图 3-25　按键引脚地址

2. 打开 ArduinoDemo 文件夹，找到"KEYDEMO"源码，右击打开方式定位到 Arduino IDE 根目录下的"arduino.exe"，打开源码。

3. 在 Arduino 界面的"工具→开发板"选择"Arduino/Genuino Mega or Mega2560"，"工具→处理器"选择"ATmega2560(Mega 2560)"，"工具→端口"选择相应的串口。

📖 说明

Dobot Magician 通过底座背面的 UART 接口(10PIN)与 Arduino 进行通信，采用 Dobot 通信协议。已提供"Magician"库文件，该库封装了部分 Dobot Magician API，直接调用即可控制 Dobot Magician。

4. 调试 Demo 前，在 Arduino 界面的"项目→加载库"查看是否已将"Magician"的库导入工程。

5. 长按 Dobot Magician 底座背面的"Key"键进行归零操作，或者通过 DobotStudio 软件界面上的回零按钮进行归零操作。

6. 设计实现流程图。通过编写 Arduino 源码使红色按键控制机器臂向下移动，绿色按键控制机器臂向上移动，具体流程如图 3-26 所示。

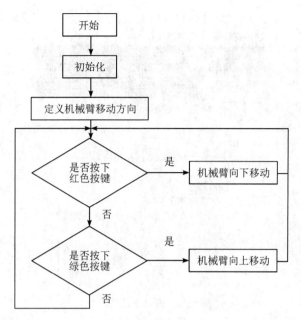

图 3-26 流程框图

7. 编写代码，实现功能。

(1) 程序初始化如图 3-27 所示。

```
void setup()
{
  Dobot_Init();  //Initial Dobot
  pinMode(Red_Button,INPUT);
  pinMode(Green_Button,INPUT);
  pinMode(Blue_Button,INPUT):
  Serial.begin(115200);    //波特率为 115200 bps
  Dobot_SetPTPCmd(MOVJ_XYZ2.300,40,0);    //设置机械臂初始位置
  Serial.println("OK");
}
```

图 3-27 程序初始化

(2) 获取按键模块输出的数字量，如图 3-28 所示。

```
b1 = digitalRead(Red_Button);
b2 = digitalRead(Green_Button);
b3 = digitalRead(Blue_Button);
```

图 3-28 获取按键模块数字量

8. 编译验证代码。程序编译完成后上传到 Arduino 控制板运行，如图 3-29 所示。

图 3-29   程序编译及上传

五、技能考核【考】

某客户单位产线升级需要增加按键搬运特定物料，一共有三种物料。作为工程师的你需要对产线进行升级改造，利用人工智能套件开发一套按键搬运物料的程序。

任务三   摇杆控制机器人运动编程与调试

摇杆控制机器人
运动编程与调试

一、任务描述

你是一家机器人研发公司的工程师，负责开发一款具有灵活运动能力的机器人。为了提供更直观、灵敏的操作方式，公司决定引入摇杆控制功能，使操作人员能够通过手柄摇杆来控制机器人的运动。任务是为机器人设计并编程摇杆控制功能，让操作人员能够通过摇杆来控制机器人的前进、后退、向左、向右运动。

二、任务目标

知识目标：
(1) 掌握 Arduino 软件的使用。
(2) 掌握模拟量和数字量的基本概念。
技能目标：
(1) 能(会)正确连接设备。

(2) 能(会)调试程序。

(3) 能(会)使用 Arduino 上传编译程序。

(4) 能(会)使用摇杆模块。

职业素养目标:

(1) 遵守系统调试的标准规范,养成严谨科学的工作态度。

(2) 养成团结协作的精神。

(3) 养成实事求是、精益求精的新时代工匠精神。

三、知识链接【学】任务相关概念

(一) 摇杆模块的功能简介

摇杆模块 JoyStick v2 采用原装优质金属 PS2 摇杆电位器制作,具有(X,Y)两轴模拟输出,(Z)一路按钮数字输出,配合 Arduino 传感器扩展板可以制作遥控器等互动作品。

(二) 摇杆模块的参数及引脚说明

JoyStick v2 采用模拟量接口,具有三轴(X, Y, Z)按钮输出,如图 3-30 所示。其具体的引脚说明如图 3-31 所示。

图 3-30 JoyStick v2 示意图

引脚X		
S--模拟输出	GND--GND	VCC--VCC
引脚Y		
S--模拟输出	GND--GND	VCC--VCC
引脚Z		
DATA--模拟输出	VCC--VCC	GND--VCC

图 3-31 JoyStick v2 引脚示意图

四、任务实施【做】

1. 按照 JoyStickDEMO 连接示意图进行接线,如图 3-32 所示。吸盘套件、气泵盒的安装以及与 Dobot Magician 连接的方法请参见项目一的任务一。

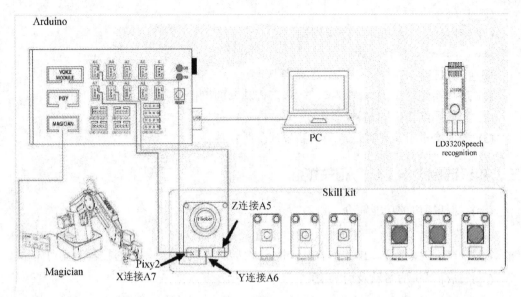

图 3-32   JoyStickDEMO 连接示意图

📖 **说明**

如果用户需将套件连接至 Arduino Mega2560 的其他接口，可以在 JoyStickDEMO 源码中修改连接的对应接口，如图 3-33 所示。

```
#define  JoyStick_X  A7      //JoyStick_X connects to the A7 pin
#define  JoyStick_Y  A6      //JoyStick_Y connects to the A6 pin
#define  JoyStick_Z  A5      //JoyStick_Z connects to the A5 pin
```

图 3-33   引脚地址

2. 打开 ArduinoDemo 文件夹，找到"JoyStickDEMO"源码，右击打开方式定位到 Arduino IDE 根目录下的"arduino.exe"，打开源码。

3. 在 Arduino 界面的"工具→开发板"选择"Arduino/Genuino Mega or Mega2560"，"工具→处理器"选择"ATmega2560(Mega 2560)"，"工具→端口"选择相应的串口。

📖 **说明**

Dobot Magician 通过底座背面的 UART 接口(10PIN)与 Arduino 进行通信，采用 Dobot 通信协议。已提供"Magician"库文件，该库封装了部分 Dobot Magician API，直接调用即可控制 Dobot Magician。

4. 调试 Demo 前，在 Arduino 界面的"项目→加载库"查看是否已将"Magician"的库导入工程。

5. 长按 Dobot Magician 底座背面的"Key"键进行归零操作，或者通过 DobotStudio 软件界面上的归零按钮进行归零操作。

6. 设计实现流程图。通过编写 Arduino 源码使摇杆 X、Y 轴控制机械臂前后左右移动，摇杆 Z 轴控制机械臂的移动速度，具体流程如图 3-34 所示。

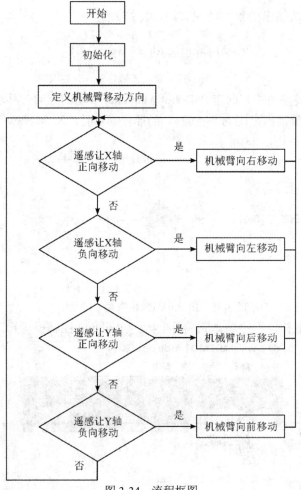

图 3-34　流程框图

7. 编写代码，实现功能。

(1) 程序初始化如图 3-35 所示。

```
void setup()
{
  Dobot_Init();  //Initial Dobot
  pinMode(JoyStick_Z.INPUT);
  Serial.begin(115200);   //波特率为 115200 bps
  Dobot_SetPTPCmd(MOVJ_XYZ2.300,40,0);   //设置机械臂初始位置
  Serial.println("OK");
}
```

图 3-35　程序初始化

(2) 获取摇杆模块输出的模拟量 X 和 Y，如图 3-36 所示。

```
x = analogRead(JoyStick_X);
y = analogRead(JoyStick_Y);
```

图 3-36　获取 X、Y 模拟量

(3) 获取摇杆模块输出的数字量 Z，如图 3-37 所示。

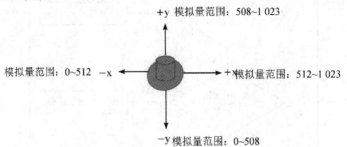

z = digitalRead(JoyStick_Z);

图 3-37　获取 Z 数字量

8. 根据摇杆模块移动的方向定义 Dobot Magician 移动的方向。移动摇杆 X 轴或 Y 轴时，JoyStick v2 模拟量输出范围为 0~1 023。当摇杆静止时，X 轴模拟量输出为 512，Y 轴模拟量输出为 508，如图 3-38 所示。

+y 模拟量范围：508~1 023

模拟量范围：0~512　−x ←——————→ +x 模拟量范围：512~1 023

−y 模拟量范围：0~508

图 3-38　JoyStick v2 模拟量输出范围

9. 程序编译及上传。程序编译完成后上传到 Arduino 控制板运行，如图 3-39 所示。

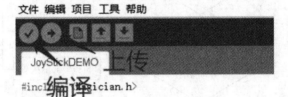

JoyStickDEMO | Arduino 1.8.6

文件 编辑 项目 工具 帮助

JoyStickDEMO   上传

#incl编译gician.h>

#define JoyStick_X A7
#define JoyStick_Y A6

图 3-39　程序编译及上传

五、技能考核【考】

某客户单位产线升级需要增加手动摇杆搬运物料。作为工程师的你需要对产线进行升级改造，利用人工智能套件开发一套手动摇杆搬运 2×2 层物料的程序。

项目四　基于人工智能的语音控制应用

案例分享

在使用人工智能套件前，需结合用户需求和现场情况制订整体的技术方案，以便建设单位、投标人、工程项目实施单位和监理单位对项目进行统一认识，用户通常邀请专业人员预先制订一套人工智能平台方案，利用 DobotStudio 软件完成基本功能应用。

任务一　语音控制 LED 编程与调试

语音控制 LED
编程与调试.

一、任务描述

利用人工智能套件中的 LD3320 语音识别模块控制不同颜色 LED 的亮灭。

二、任务目标

知识目标：

(1) 掌握 Arduino 软件的使用。

(2) 掌握语音模块的原理。

技能目标：

(1) 能(会)正确连接机器人。

(2) 能(会)掌握 LED 的工作原理。

(3) 能(会)掌握 LD3320 语音识别模块的应用。

(4) 能(会)理解 SPI 的通信原理。

职业素养目标：

(1) 遵守系统调试的标准规范，养成严谨科学的工作态度。

(2) 养成团结协作的精神。

(3) 养成安全用电意识。

三、知识链接【学】任务相关概念

(一) 实验硬件引脚地址

Arduino Mega 2560 支持 SPI 协议，SPI 引脚功能和地址如表 4-1 所示。

表 4-1   SPI 引脚地址

引脚名称	引脚功能	引脚地址
MISO	主机输入，从机输出	Digital pin 50
MOSI	主机输出，从机输入	Digital pin 51
SCK	时钟信号	Digital pin 52
SS	从机选择线	Digital pin 53

若设备 SS 引脚为 LOW 则与主机通信，为 HIGH 则不与主机通信。Arduino 拓展板已将 SPI 引脚引出，以便用户接线，如图 4-1 所示。

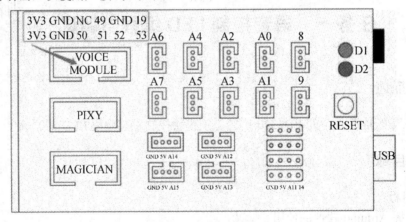

图 4-1   硬件引脚图

(二) LD3320 语音识别芯片

LD3320 是一款基于非特定人语音识别技术的语音识别/声控芯片，集成了高精度的 A/D 和 D/A 接口，不需要外接辅助 Flash 和 RAM，即可实现语音识别/声控/人机对话功能。用户在单片机编程过程中通过设置芯片的寄存器，把诸如"您好"这样的识别关键词语的内容动态地写入芯片中，芯片就可以识别特定的关键词语。

芯片的特色功能是支持用户自由编辑 50 条关键词语，即在同一时刻，最多在 50 条关键词语中进行识别，终端用户可以根据场景需要，随时编辑和更新这 50 条关键词语的内容。

⚠ 注意：

因 LD3320 语音识别模块未做防反插设计，连接至 Arduino 时请务必按照如图 4-2 所示接线。

注意：语音模块上的丝印要与Arduino拓展板上的丝印对应！

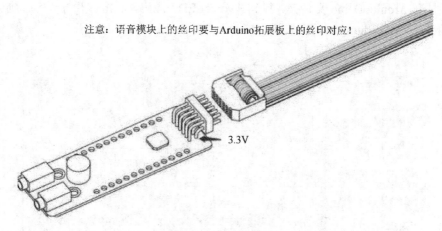

3.3V

图 4-2　语音模块连接

四、任务实施【做】

(1) 按照 VOILELED 连接示意图进行接线，如图 4-3 所示。

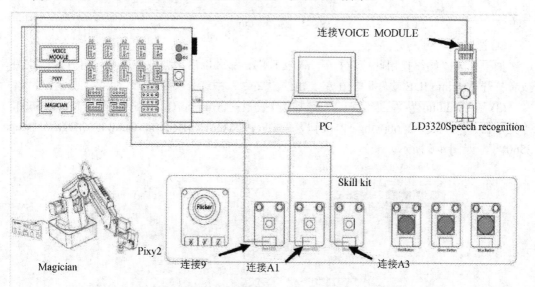

图 4-3　VoiceLED 连接示意图

📖说明

如果用户需将套件连接至 Arduino Mega2560 的其他接口，可以在 VoiceLED 引脚地址源码中修改连接的对应接口，如图 4-4 所示。

```
#define Red_LED      9       //Red LED connects to the 9 pin
#define Green_LED    A1      //Green LED connects to the A1 pin
#define Blue_LED     A3      //Blue LED connects to the A3 pin
```

图 4-4　VoiceLED 引脚地址

(2) 打开 ArduinoDemo 文件夹，找到"VoiceLED"源码，右击打开方式定位到 Arduino IDE 根目录下的"arduino.exe"，如图 4-5 所示。

图 4-5　选择 arduino.exe

📖 **说明**

如果打勾"始终使用此应用打开.ino 文件"，那么以后只要双击就可以打开源码文件，或者打开 Arduino IDE 软件后，在左上角的"文件"中选择文件打开。

(3) 在 Arduino 界面的"工具"上选择"开发板："Arduino/Genuino Mega or Mega2560"" "处理器："ATmega2560(Mega 2560) ""端口："COM13(Arduino/Genuino Mega or Mega 2560)""，如图 4-6 所示。

图 4-6　Arduino 软件选择

(4) 调试 Demo 前，在 Arduino 界面上选择"项目"→"加载库"，查看是否已将"VoiceRecognition"的库导入工程。

(5) 设计实现流程图。通过编写 Arduino 源码，先定义 LED 灯的引脚和初始化，然后自定义语音命令，如开红灯，红色 LED 指示灯会点亮，具体流程如图 4-7 所示。

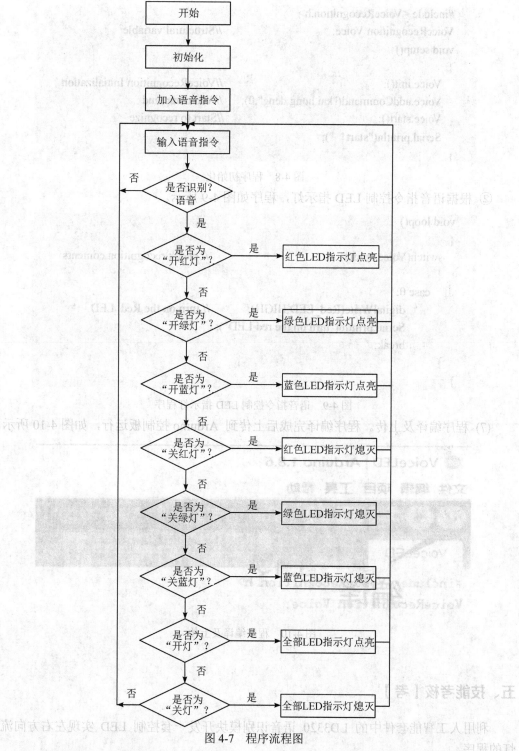

图 4-7 程序流程图

(6) 编写代码，实现功能。

① 程序初始化并增加语音指令，程序如图 4-8 所示。LD3320 语音识别模块支持用户自由编辑 50 条关键词语。

```
#include <VoiceRecognition.h>
VoiceRecognition Voice;                        //Structural variable
void setup()
{
    Voice.init();                              //VoiceRecognition Initialization
    Voice.addCommand("kai hong deng",0);       //Add command
    Voice.start();                             //Start to recognize
    Serial.println("start！");
}
```

图 4-8　程序初始化

② 根据语音指令控制 LED 指示灯，程序如图 4-9 所示。

```
void loop()
{
    switch(Voice.read())                       // check recognition contents
    {
       case 0:
            digitalWrite(Red_LED,HIGH);        // turn on the Red_LED
            Serial.println("turn on the red LED");
            break;
    }
}
```

图 4-9　语音指令控制 LED 指示灯程序

(7) 程序编译及上传。程序编译完成后上传到 Arduino 控制板运行，如图 4-10 所示。

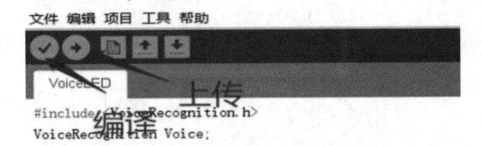

图 4-10　程序编译及上传

五、技能考核【考】

利用人工智能套件中的 LD3320 语音识别模块开发一套控制 LED 实现左右方向流水灯的程序。

任务二　语音控制机器人运动编程与调试

一、任务描述

利用人工智能套件中的 LD3320 语音识别模块控制机器人运动。

二、任务目标

知识目标：

(1) 掌握语音模块的原理。

(2) 掌握 Arduino 软件的使用。

技能目标：

(1) 能(会)编写语音语句。

(2) 能(会)调试程序。

(3)能(会)正确连接设备。

(4) 能(会)使用语音模块。

职业素养目标：

(1) 遵守系统调试的标准规范，养成严谨科学的工作态度。

(2) 养成自己的技能专长，提高自身动手能力。

三、知识链接【学】任务相关概念

LD3320 语音识别模块仅支持中文语音库。如果用户想使用英文语音库进行开发，可以选配英文语音识别模块(Grove-Speech Recognizer)，如图 4-11 所示。

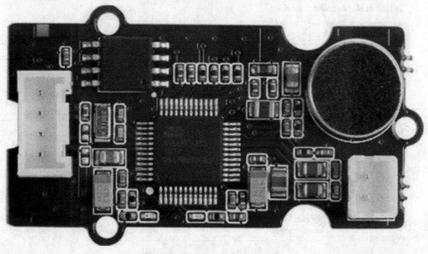

图 4-11　英文语音识别模块

具体的源码在 ArduinoDemo 的 SeedDemo 文件夹,更多开发内容请参照以下官网链接:
http://wiki.seeedstudio.com/Grove-Speech_Recognizer/。

四、任务实施【做】

(1) 按照 VoiceDobotDEMO 连接示意图进行接线,如图 4-12 所示。吸盘套件、气泵盒的安装以及与 Dobot Magician 连接的方法请参见项目一的任务一。

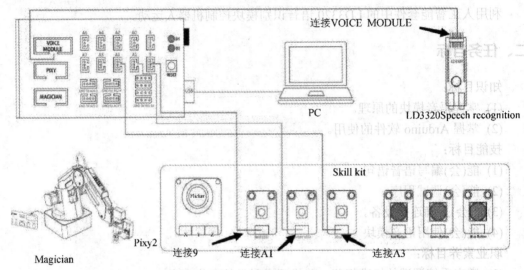

图 4-12　VoiceDobotDEMO 连接示意图

(2) 打开 ArduinoDemo 文件夹,找到"VoiceDobotDEMO"源码,右击打开方式定位到 Arduino IDE 根目录下的"arduino.exe",打开源码。

(3) 在 Arduino 界面的"工具→开发板"选择"Arduino/Genuino Mega or Mega2560","工具→处理器"选择"ATmega2560(Mega 2560)","工具→端口"选择相应的串口,如图 4-13 所示。

图 4-13　Arduino 软件配置

📖说明

Dobot Magician 通过底座背面的 UART 接口(10PIN)与 Arduino 进行通信，采用 Dobot 通信协议。供"Magician"库文件封装了部分 Dobot Magician API，直接调用即可控制 Dobot Magician。

(4) 调试 Demo 前，在 Arduino 界面上选择"项目"→"加载库"，查看是否已将"Magician"和"VoiceRecognition"的库导入工程。

(5) 设计程序实现流程图，如图 4-14 所示。

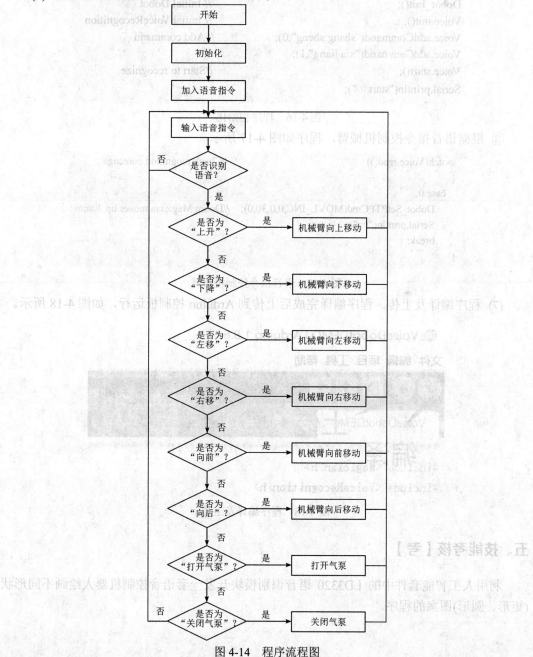

图 4-14　程序流程图

(6) 编写代码，实现功能。

① 定义语音库类对象，程序如图 4-15 所示。

```
VoiceRecognition Voice;                    //Structural variable
```

图 4-15　定义语音库类对象

② 程序初始化并增加语音指令，程序如图 4-16 所示。

```
Dobot_Init();                              // Initial Dobot
Voice.init();                              // Initial VoiceRecognition
Voice.addCommand("shang sheng",0);         // Add command
Voice.addCommand("xia jiang",1);
Voice.start();                             //Start to recognize
Serial.println("start！");
```

图 4-16　程序初始化

③ 根据语音指令控制机械臂，程序如图 4-17 所示。

```
switch(Voice.read())                       //Check rcognition contengs
{
    case 0:
        Dobot_SetPTPCmd(MOVL_INC,0,0,30,0);  //Dobot Magician moves up 30mm
        Serial.println("up");
        break;
}
```

图 4-17　语音指令控制机器臂

(7) 程序编译及上传。程序编译完成后上传到 Arduino 控制板运行，如图 4-18 所示。

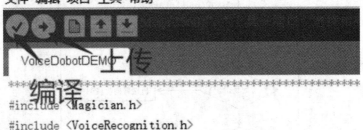

图 4-18　程序编译及上传

五、技能考核【考】

利用人工智能套件中的 LD3320 语音识别模块开发一套语音控制机器人绘画不同形状(矩形、圆形)图案的程序。

任务三　基于语音控制的机器人搬运物料编程与调试

一、任务描述

利用人工智能套件的语音功能对物料进行抓取，并定点分拣。

二、任务目标

知识目标：

(1) 掌握机器人的运动指令。

(2) 掌握 Arduino 软件的使用。

技能目标：

(1) 能(会)调试程序。

(2) 能(会)使用 Arduino 上传编译、语音模块。

职业素养目标：

(1) 遵守系统调试的标准规范，养成严谨科学的工作态度。

(2) 尊重他人劳动成果，不窃取他人劳动成果。

(3) 养成对训练过程和结果进行总结的习惯，为下次训练提供经验。

(4) 养成团结协作的精神。

三、任务实施【做】

(1) 按照 VoiceDobotDEMO 连接示意图进行接线，如图 4-19 所示。吸盘套件、气泵盒的安装以及与 Dobot Magician 连接的方法请参见项目一的任务一。

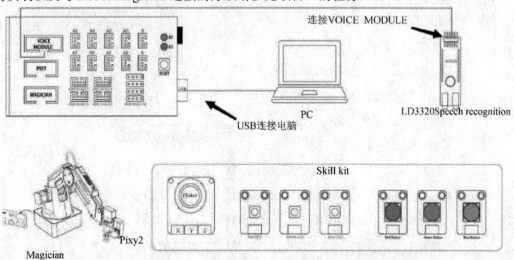

图 4-19　VoiceDobotDEMO 连接示意图

(2) 打开 ArduinoDemo 文件夹，找到"VoiceDobotDEMO"源码，右击打开方式定位到 Arduino IDE 根目录下的"arduino.exe"，打开源码。

(3) 在 Arduino 界面的"工具→开发板"选择"Arduino/Genuino Mega or Mega2560"，"工具→处理器"选择"ATmega2560(Mega 2560)"，"工具→端口"选择相应的串口，进行 Arduino 软件配置，如图 4-20 所示。

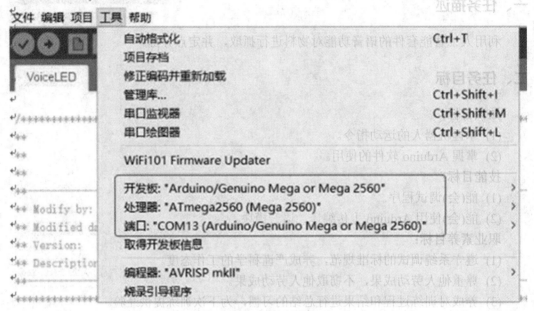

图 4-20　Arduino 软件配置

(4) 调试 Demo 前，在 Arduino 界面上选择"项目"→"加载库"，查看是否已将 "Magician"和"VoiceRecognition"的库导入工程。

(5) 长按 Dobot Magician 底座背面的"Key"键进行归零操作，或者通过 Dobot Studio 软件界面上的归零按钮进行归零操作。

(6) 编写代码，实现功能。

① 程序初始化，如图 4-21 所示。

```
void setup() {
    Serial.begin(115200);
    Dobot_Init();
    SmartKit_VoiceCNInit();
    SmartKit_Init();
    SmartKit_VoiceCNAddCommand("hong se", 1);
    SmartKit_VoiceCNAddCommand("lv se", 2);
    SmartKit_VoiceCNAddCommand("lan se", 3);
    SmartKit_VoiceCNAddCommand("huang se", 4);
```

图 4-21　程序初始化

② 实现机器臂运动，使其定点抓取物料并放置指定位置，程序如图 4-22 所示。

```
if (SmartKit_VoiceCNVoiceCheck(1) == TRUE)
{
    Serial.println("0xFF");
    Dobot_SetPTPCmd(MOVJ_XYZ, 229, -14, -35, 0);
    Dobot_SetEndEffectorSuctionCup(true);
    Dobot_SetPTPCmd(MOVJ_XYZ, 229, -14, 30, 0);

    Dobot_SetPTPCmd(MOVJ_XYZ, 204, 124, 30, 0);
    Dobot_SetPTPCmd(MOVJ_XYZ, 204, 124, -20, 0);
    Dobot_SetEndEffectorSuctionCup(false);
    Dobot_SetPTPCmd(MOVJ_XYZ, 204, 124, 30, 0);
    Serial.println("hong se");
}
```

图 4-22 机器臂运动

(3) 程序编译及上传。程序编译完成后上传到 Arduino 控制板运行，如图 4-23 所示。

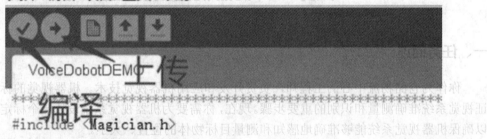

图 4-23 程序编译及上传

四、技能考核【考】

某客户的生产线升级需要增加语音搬运物料功能。利用人工智能套件开发一套语音控制机器人搬运 2×2 层物料的程序。

项目五　基于人工智能的机器视觉应用

 案例分享

智能机器人视觉分拣系统是基于机器视觉技术的应用，用以提高生产线上的物料分拣效率和准确性。该系统结合了图像识别、物体检测和自动控制等技术，能够实时识别和分拣不同类型的物料，使生产线自动化程度更高。仓储物流中心需要高效地处理不同类型的物料，包括箱子、包裹和产品，决定引入智能物料视觉搬运分拣系统，以实现自动化的物料处理和分拣。

任务一　机器视觉的标定

一、任务描述

你作为仓储物流中心的工程师，负责开发和应用机器视觉技术。机器视觉的标定是保证视觉系统准确测量和识别的重要步骤。现在，你需要为机器视觉系统设计一个标定任务，以确保机器视觉系统能够准确地感知和测量目标物体的位置、大小。

二、任务目标

知识目标：

(1) 掌握视觉的基本原理。

(2) 掌握视觉检测的用途。

技能目标：

(1) 能(会)视觉标定。

(2) 能(会)操作 PixyMon v2 软件。

(3) 能(会)创建目标模板。

职业素养目标：

(1) 遵守系统调试的标准规范，养成严谨科学的工作态度。

(2) 通过项目设计，养成自己动手实践的习惯。

三、知识链接【学】任务相关概念

(一) Pixy2 视觉识别模块简介

Pixy 是一款极受欢迎的开源视觉传感器(图像识别传感器)，其中 Pixy2 模块是最新版的二代产品，如图 5-1 所示。Pixy2 能够让图像识别变得更容易，支持多物体识别，具有强大的多色彩颜色识别及色块追踪能力(最高支持 7 种颜色)，用户只需按下一个按钮即可识别并记忆你标定的物体。同时，Pixy2 体型更小，功能更强，还增加了线路追踪和小型条形码识别功能。

Pixy 系列是联合 Charmed 实验室和卡内基-梅隆大学共同推出的图像识别系统。Pixy2 自带处理器，并搭载一个图像传感器 CMUcam5，通过处理器内部的算法，以颜色为中心来处理图像数据，选择性地过滤无用信息，从而得到有效信息。这样一来，Pixy2 只需将已经处理过的特定颜色物体的数据发送给与之连接的微型控制器(例如 Arduino) 即可，而不必向控制器输入所有原始视觉信息，处理后的数据更精确有效。

Pixy2 输出的数据可以通过 SPI、I2C 等与 arduino 和树莓派等控制器直接通信。Pixy2 自带的通信线可以直插在 Arduino 控制板上，以便制作具有图像识别功能的小机器人。Pixy 2 配套有开源的 arduino 及 Linux 库和示例文件，更多应用项目等着你来探索发现！详细请参见 Pixy 官方链接：https://pixycam.com/pixy2/。

图 5-1　Pixy2 模块

(二) 视觉标定原理

要想让相机正确识别到物体，必须要进行相机标定，其目的有两个：

(1) 要还原摄像头成像的物体在真实世界的位置，就需要知道世界中的物体到计算机图像平面是如何变换的，相机标定的目的之一就是为了搞清楚这种变换关系，求解内外参数矩阵，如图 5-2 所示。

(2) 摄像机的透视投影有个很大的问题就是畸变。相机标定的另一个目的就是求解畸变系数，然后将其用于图像矫正。

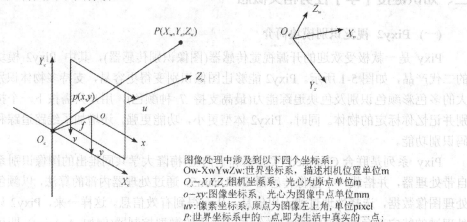

图像处理中涉及到以下四个坐标系：
Ow-XwYwZw:世界坐标系，描述相机位置单位m
$O_c-X_cY_cZ_c$:相机坐标系，光心为原点单位m
$o-xy$:图像坐标系，光心为图像中点单位mm
uv:像素坐标系，原点为图像左上角，单位pixel
P:世界坐标系中的一点，即为生活中真实的一点；
p:点p在图像中的成像点，在图像坐标系中的坐标为(x,y),在像素坐标系中的坐标为(u,v);
f:相机焦距，等于o与oc的距离，$f=\|o=oc\|$

图 5-2　相机坐标系示意图

世界坐标系(XW，YW，ZW)：目标物体位置的参考系。除了无穷远，世界坐标可以根据运算方便与否自由放置，单位为长度单位如 mm。在双目视觉中世界坐标系主要有三个用途：

(1) 标定时确定标定物的位置。

(2) 作为双目视觉的系统参考系，给出两个摄像机相对世界坐标系的关系，从而求出相机之间的相对关系。

(3) 作为重建物体三维坐标的容器，存放重建后的物体的三维坐标。世界坐标系是将看见的物体纳入运算的第一站。

摄像机坐标系(XC，YC，ZC)：摄像机站在自己角度上衡量物体的坐标系。摄像机坐标系的原点在摄像机的光心上，z 轴与摄像机光轴平行。它是与拍摄物体发生联系的桥头堡，世界坐标系下的物体需先经历刚体变化再转到摄像机坐标系，然后和图像坐标系发生关系，它是图像坐标与世界坐标之间发生关系的纽带。单位为长度单位如 mm。

图像坐标系(x，y)：以 CCD 图像平面的中心为坐标原点，为了描述成像过程中物体从相机坐标系到图像坐标系的投影透射关系而引入，以进一步得到像素坐标系下的坐标。图像坐标系是用物理单位(例如 mm)表示像素在图像中的位置。

📖 **说明**

Pixy2 视觉识别模块主要使用图像坐标系(x，y)，通过 PixyMon v2 软件可以快速获取物体的图像坐标系。

四、任务实施【做】

(一) 硬件连接

1. 准备实验器材，如图 5-3 所示。如 Dobot Magician 机械臂、吸盘套件、Pixy2 模块连接线、Pixy2 模块数据线、Pixy2 视觉模块、配件工具等。

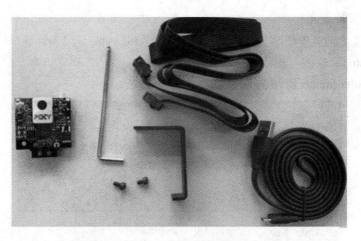

图 5-3 实验器材准备

2. 将 Pixy2 视觉模块固定在 Dobot Magician 机械臂上，如图 5-4 所示。

图 5-4 Pixy2 视觉模块安装图

3. 将 Pixy2 视觉模块与 Arduino 主控板连接，如图 5-5 所示。

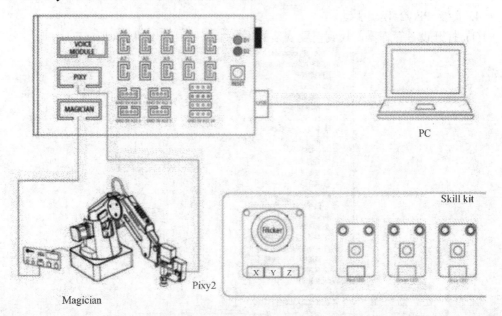

图 5-5 Pixy2 视觉模块与 Arduino 主控板连接

(二) 软件安装

本次实验需要的软件清单为 DobotStudio 软件、PixyMon v2 软件。

1. DobotStudio 软件的安装方法请参见项目一的任务二。

2. 安装 DobotStudio 软件并连接电脑，如图 5-6 所示。

图 5-6　连接电脑

3. 将 Pixy2 视觉模块与电脑 USB 连接，如图 5-7 所示。

图 5-7　USB 连接 Pixy2 视觉模块

4. 安装 Pixy2 模块驱动。

(1) 打开设备管理器，找到需要安装的设备驱动列表，如图 5-8 所示。

图 5-8　选择需要的 Pixy 驱动

(2) 右击，点更新驱动程序，如图 5-9 所示。

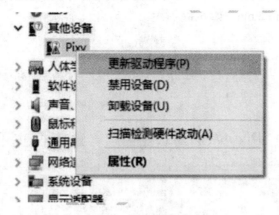

图 5-9　更新驱动程序

(3) 找到 Pixy2 驱动安装的路径，点击安装即可，如图 5-10 所示。

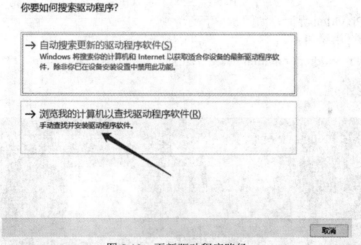

图 5-10　更新驱动程序路径

(4) 先解压"PixyMon v2.zip"，安装的驱动路径为：\2.软件\PixyMon v2\PixyMon v2\driver，如图 5-11 所示。

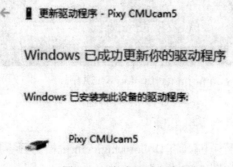

图 5-11　完成驱动程序更新

(5) 当出现以上这个界面时,表示驱动安装完成。打开 PixyMon 软件,路径为:\2.软件\PixyMon v2\PixyMon/v2\bin,如 5-12 所示。

名称	修改日期	类型	大小
platforms	2018/12/13 16:37	文件夹	
icudt51.dll	2014/12/22 14:43	应用程序扩展	21,854 KB
icuin51.dll	2014/12/22 14:42	应用程序扩展	3,291 KB
icuuc51.dll	2014/12/22 14:43	应用程序扩展	1,933 KB
libgcc_s_dw2-1.dll	2014/12/22 14:40	应用程序扩展	533 KB
libstdc++-6.dll	2013/5/8 3:34	应用程序扩展	967 KB
libusb-1.0.dll	2013/5/8 3:34	应用程序扩展	336 KB
libwinpthread-1.dll	2014/12/22 14:41	应用程序扩展	73 KB
pixy2_firmware-3.0.10_general.hex	2018/5/25 14:48	HEX 文件	364 KB
pixyflash.bin.hdr	2018/4/24 16:28	HDR 文件	34 KB
PixyMon.exe	2018/5/25 16:08	应用程序	547 KB
PixyMon.exe.local	2014/4/28 10:41	LOCAL 文件	1 KB
Qt5Core.dll	2014/12/22 14:39	应用程序扩展	4,500 KB
Qt5Gui.dll	2014/12/22 14:43	应用程序扩展	4,517 KB
Qt5Widgets.dll	2014/12/22 14:44	应用程序扩展	6,136 KB
Qt5Xml.dll	2014/12/22 14:44	应用程序扩展	249 KB

PixyMon为非安装版,直接双击打开

图 5-12　PixyMon 软件

(6) 打开 PixyMon 界面,如图 5-13 所示。

图 5-13　Pixy 界面

(三) 视觉标定设置

1. 设置 Pixy2 模块的视野范围。将 Dobot Magician 机械臂回零后,按住小臂上的圆形按钮至物体的视野范围内,如图 5-14 所示。

图 5-14　物料放置

2. 如果想获取更高的精度，可以通过 DobotStudio 软件的操作面板控制机械臂的移动，如图 5-15 所示，并记录其坐标。

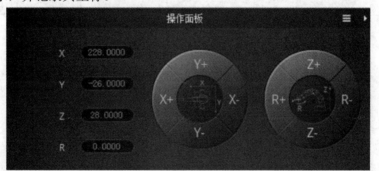

图 5-15　精调机械臂

3. 打开 PixyMon 软件，配置 Pixy2 模块参数。

(1) 调节相机亮度，如图 5-16 所示。

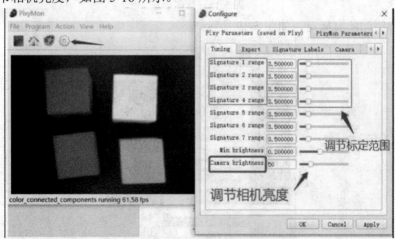

图 5-16　调节亮度

(2) 选择通信方式为 I2C 模式，如图 5-17 所示。

图 5-17　通信方式

(3) 打开打印信息窗口，如图 5-18 所示。

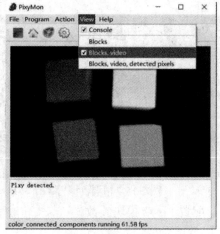

图 5-18　打印信息

(4) 点击清除所有标定，如图 5-19 所示。

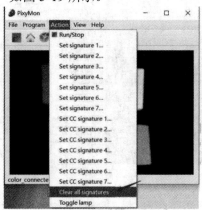

图 5-19　清除标定

(5) 进行视觉标定(默认顺序为红、绿、蓝、黄),按住鼠标左键拖动选择需要标定的物块,如图 5-20 所示。

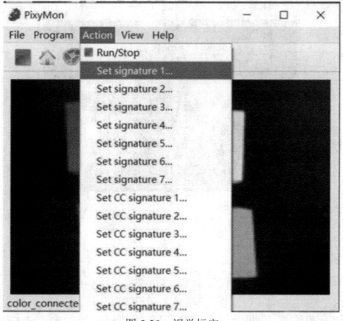

图 5-20 视觉标定

(6) 标定完成后,找到 4 个参数,如 56,28,56,50,分别代表的是标定右上角的坐标(X,Y)和宽度 Width、高度 Height,如图 5-21 所示。标定中心的坐标需要进行换算,换算公式为(x, y) = (X+Width/2, Y+Height/2)。红色物块标定后的中心坐标为(84, 53),然后按照默认顺序继续进行标定,如图 5-22 所示。

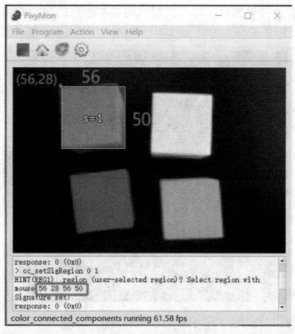

图 5-21 标定数据

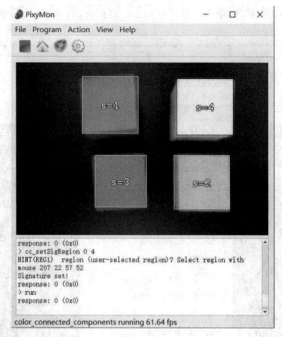

图 5-22　不同颜色标定

(7) 经过计算，最终得出(四舍五入取整)绿色物块标定后的中心坐标为(207，160)，蓝色物块标定后的中心坐标为(131，144)，黄色物块标定后的中心坐标为(236，48)，视觉标定完成后，关闭 PixyMon 软件，同时拔掉 Pixy2 模块数据线。

(四) Dobot Magician 机械臂标定

1. 打开 DobotStudio 软件并连接机械臂。

2. 通过操作面板移动机械臂，让机械臂吸嘴移动到红色物块的正中心，如图 5-23、图 5-24 所示。

图 5-23　物料位置

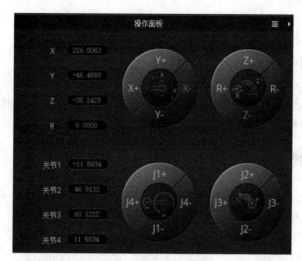

图 5-24　机器人坐标

3. 红色物块标定后机械臂的中心坐标为(226.81，-46.49)。重复上述步骤，通过操作面板移动机械臂，分别让机械臂吸嘴移动到绿色、蓝色和黄色物块的正中心，得出绿色物块标定后机械臂的中心坐标为(266.96，-3.84)，蓝色物块标定后机械臂的中心坐标为(263.51，-43.08)，黄色物块标定后机械臂的中心坐标为(233.27，-1.15)。

五、技能考核【考】

视觉标定过程中存在一定的视觉误差，请写出提高视觉标定准确度的措施。

任务二　机器视觉实现智能分拣编程与调试

机器视觉实现智能
分拣编程与调试

一、任务描述

在仓储物流中心，需要将多种颜色的箱子进行分拣和搬运，以便将它们送往指定的存储位置或发往目的地。通过机器视觉技术能够实现对不同颜色箱子的自动化分拣和搬运，且同时确保分拣准确无误，并将箱子搬运至指定位置。

二、任务目标

知识目标：
(1) 掌握视觉与机器人之间的联系。
(2) 掌握视觉坐标与机器人坐标的转化关系。
技能目标：
(1) 能(会)正确连接设备
(2) 能(会)使用视觉模块。

(3) 能(会)调试物料抓取的误差。

职业素养目标:

(1) 遵守系统调试的标准规范,养成严谨科学的工作态度。

(2) 尊重他人劳动成果,不窃取他人劳动成果。

(3) 养成对训练过程和结果进行总结的习惯,为下次训练提供经验。

(4) 养成团结协作的精神。

三、任务实施【做】

1. 按照 DobotPixyDEMO 连接示意图进行接线,如图 5-25 所示。吸盘套件、气泵盒的安装以及与 Dobot Magician 连接的方法请参见项目一的任务一。

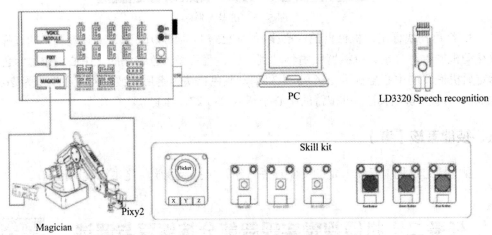

图 5-25　DobotPixyDEMO 连接示意图

2. 在 Arduino 界面的"工具→开发板"选择"Arduino/Genuino Mega or Mega 2560","工具→处理器"选择"ATmega2560(Mega 2560)","工具→端口"选择相应的串口,如图 5-26 所示。

图 5-26　Arduino 软件配置

3. 打开 ArduinoDemo 文件夹，找到"DobotPixyDEMO"源码，右击打开方式定位到 Arduino IDE 根目录下的"arduino.exe"，打开源码。

4. 在 Arduino 界面的"工具→开发板"选择"Arduino/Genuino Mega or Mega 2560"，"工具→处理器"选择"ATmega2560(Mega 2560)"，"工具→端口"选择相应的串口。

5. 调试 Demo 前，在 Arduino 界面的"项目→加载库"查看是否已将"Magician"的库和"Pixy2"的库导入工程。

6. 设计实现流程图。假设识别 4 种不同颜色(红、绿、蓝、黄)的物块，每个颜色的物块各 2 个。通过编写 Arduino 源码实现 Dobot Magician 机械臂对不同颜色物块的分拣，具体流程如图 5-27 所示。

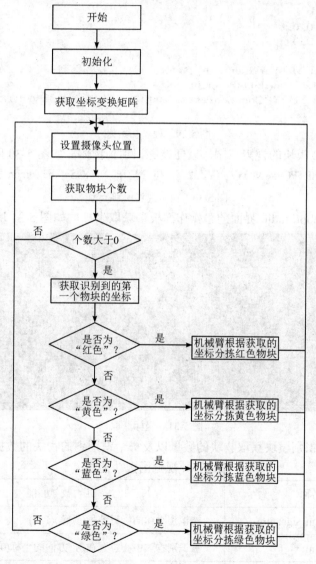

图 5-27 流程框图

7. 编写代码，实现功能。

(1) Pixy2 视觉识别模块的安装与标定，详见项目五的任务一。

(2) 定义 Pixy 库类对象，如图 5-28 所示。

```
Pixy2I2C pixy;                          // Pixy object
```

图 5-28　定义 Pixy 对象

(3) 程序初始化，如图 5-29 所示。

```
void setup()
{
    Dobot_Init();                           //初始化机械臂
    pixy.init();                            //初始化 Pixy2
    Dobot_SetPTPJumpParams(20);    //设置机械臂 JUMP 参数
    float inv_pixy[9] =                    //初始化逆矩阵
    {
        0, 0, 0,
        0, 0, 0,
        0, 0, 0
    };
    CalcInvMat(pixyPoint, inv_pixy);             // 坐标解算
    MatMultiMat(dobotPoint, inv_pixy, RT);
    Dobot_SetPTPCommonParams(100,100);    //设置机械臂 PTP 参数
}
```

图 5-29　程序初始化

(4) 设置 Pixy2 模块的视野范围，以便能够识别到物体，如图 5-30 所示。

```
Dobot_SetPTPCmd(MOVJ_XYZ, 228, -26, 28, 0);        // Set the camera position
```

图 5-30　调试视觉识别范围

(5) 可通过 DobotStudio 界面的"操作面板"获取坐标，如图 5-31 所示。

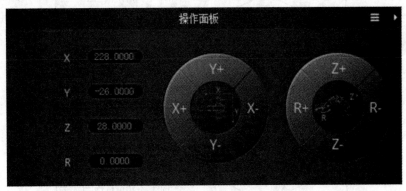

图 5-31　坐标获取

(6) 通过视觉识别模块获取物块的数量以及每个识别到的物块的数据，如表 5-1 所示。

表 5-1　视觉函数功能表

函数名称	函 数 功 能
pixy.ccc.blocks[0].m_signature	被识别物体的标记编号(颜色)(1~7)
pixy.ccc.blocks[0].m_x	被识别物体中心位置在 X 方向的坐标(0~319)
pixy.ccc.blocks[0].m_y	被识别物体中心位置在 Y 方向的坐标(0~319)
pixy.ccc.blocks[0].m_width	被识别物体的宽度(1~320)

(7) 根据获取到的第一个物块的图像坐标和变换矩阵，获取对应的笛卡尔坐标位置，以便机器人移动至该位置进行分拣，如图 5-32 所示。

```
void transForm(float x, float y)
{
    Coordinate[0] = (RT[0] * x) + (RT[1] * y) + (RT[2] * 1);
    Coordinate[1] = (RT[3] * x) + (RT[4] * y) + (RT[5] * 1);
}
```

图 5-32　机器人移动分拣点

(8) 利用机器人分拣物块，吸取物块的点位如图 5-33 所示，放置物块的点位如图 5-34 所示。

```
// suck Point
Dobot_SetPTPCmd(JUMP_XYZ, Coordinate[0], Coordinate[1], -45, 0);
Dobot_SetEndEffectorSuctionCup(true);
Dobot_SetPTPCmd(MOVL_XYZ, Coordinate[0], Coordinate[1], 50, 0);
```

图 5-33　吸取物块的点位

```
// place Point
if(gRed == 0)
    {
    Dobot_SetPTPCmd(JUMP_XYZ, Red_position_X, Red_position_Y, Red_position_Z,
Red_position_R);
    }
else
    {
    Dobot_SetPTPCmd(JUMP_XYZ, Red_position_X, Red_position_Y, Red_position_Z
+ 25*gRed, Red_position_R);
    }
```

图 5-34　放置物块的点位

(9) 程序编译及上传。程序编译完成后上传到 Arduino 控制板运行，如图 5-35 所示。

图 5-35　程序编译及上传

四、技能考核【考】

在仓储物流中心，需要将多种颜色的箱子进行分拣和搬运，为了提高仓储效率和准确性，该物流中心决定引入智能箱子颜色分拣与搬运系统，增加语音呼唤机器人抓取对应颜色的箱子。

参 考 文 献

[1]　深圳市越疆科技有限公司. 智能机械臂控制与编程[M]. 北京：高等教育出版社，2019.

[2]　凯文. 现代机器人学：机构规划与控制[M]. 北京：机械工业出版社，2021.

[3]　约翰·克雷格. 机器人学导论[M]. 北京：机械工业出版社，2018.